海绵城市十讲

Ten Lectures on
Sponge City

俞孔坚 讲述
牛建宏 编著

中国建筑工业出版社

前言

习近平总书记在党的十九大报告中提出"坚持人与自然和谐共生"、"建设生态文明是中华民族永续发展的千年大计"。要"加快生态文明体制改革，建设美丽中国"。

毫无疑问，生态文明建设功在当代、利在千秋，当前时代呼唤有中国特色的生态文明建设之道。

而"海绵城市"正是习近平治国理念的成功实践，它应对世界性难题，展示了中国特色的生态之道。在最近热播的《习近平治国方略：中国这五年》的系列纪录片中，集中阐释中国的新发展理念和成功实践，特别介绍了北京大学建筑与景观设计学院及土人设计团队通过设计构建有效的生态发展方案，解决一系列生态与文化难题，推动中国城市的进步。其中拍摄及讲述的典型项目如浙江金华燕尾洲公园、贵州六盘水湿地公园和上海世博后滩公园，都是海绵城市建设的典型案例。它将当代景观设计语言与海绵城市建设的最新科学技术相结合，使绿色海绵概念不但具有生态功能也具有经济和社会文化功能，并且为人们日常生活所用，成为生态文明建设的有力抓手。

我最早在2003年出版的《城市景观之路：与市长交流》一书中，提出把维护和恢复河道及滨水地带的自然形态作为建立城市生态基础设施的十大关键战略，指出"河流两侧的自然湿地如同海绵，调节河水之丰俭，缓解旱涝灾害。"

在2016年出版的《海绵城市——理论与实践》一书中，我明确了海绵城市理论与方法探讨的边界，指出"海绵城市"既是一种城市形态（即生态型城市），也是一种关于雨、水及雨洪管理和生态环境治理的哲学、理论、方法和技术体系。

当然，仅有理论是不够的，关键是让更多的人认识这些的理论，并且在实践中理解这些理论。这些年来，针对城市建设的现状，尤其是针对很多城市患上的严重内涝城市病，我在全国各地进行了大量的讲座、报告，接受了大量的采访，宣传"大脚美学"的思想，宣扬生态治水的理念，倡导海绵城市建设，取得了很好的效果。尤其是今年年初，我在海口电视台开讲《"海绵"课堂》，从不同的角度阐述了我的海绵理论和实践，赢得了很强烈的反响。

作为行业内的一名资深记者，建宏是一个有心人，他将上述这些内容编辑、整理、提炼，归纳总结了十个方面的内容，以简洁的形式，通俗的语言，可操作的案例，对如何进行海绵城市建设做了生动的阐释。这本书，就是这些内容的集中呈现。

我希望，这本书的出版，能为地方城市领导者、海绵城市的建设者提供简洁、易懂、有用的知识读本和操作手册；同时，让更多的人了解如何建设海绵城市，认识人与自然的和谐共生，对于推动生态文明，建设美丽中国发挥应有的作用！

俞孔坚

2017 年 11 月

目 录

5　4　3

2　　1

10

9

8　7　6

第一讲

『大脚』美学和海绵哲学

1

总纲：论述海绵城市建设的"道"与"术"；阐释如何以大脚美学为指导，建设海绵城市，实现水、人、城市和谐共存，让城市更美丽；如何让"小脚"变"大脚"，让江河湖泊湿地成为城市"海绵"。

1. 中国的城市病了
2. "小脚"的价值观和审美观
3. 我们要倡导"大脚"美学
4. 理解海绵的哲学，建设海绵的城市

精彩观点：

过去三十多年，"小脚"的价值观和审美观实际上主导了中国城市的风貌和特色，造成了城市面貌和环境的日益恶化。

我们要继续"五四"以来的一场变革，倡导"大脚"美学，让生态文明走向新的生活，建立我们的理想之城。进行海绵城市建设，首先要明白"小脚治水不可为"，我们需要从理念上进行变革，树立"大脚"的治水理念。

雨水本该是福音。小时候的雨落到地上，消失在路边的草丛或是长满庄稼的地里，滋润着地上的草木。连续的降雨之后，路边、河边的草滩便开始像海绵一样，吸纳着雨水然后缓慢释放，流入池塘。经历漫长旱季的池塘顿时充满了生机，青蛙从四周汇聚，蛙鸣在雨后响起……

然而，如今每到夏季，中国的很多城市都会出现内涝的问题，甚至一些城市一度出现"看海"的景观——水势汹涌，一片汪洋，人们卷起裤腿儿捞鱼，划着皮筏艇看海，一些小区、马路、桥梁被水吞没，居民的生活起居面临极大不便和危害……

从什么时候开始，在全国很多地方，在城镇化的浪潮中，原来路边那些丛生的杂树灌木，铺上了现代化的草坪，种上了景观树？从什么时候开始，曾经纵横交错、四通八达、清水粼粼的河道，或被填埋，或被堵塞，或被污染，变成了臭水塘……

从什么时候开始，在貌似整洁的现代表征下，大地的毛细血管被堵塞，它的蓄水和自我调节功能被破坏，水让人类变得诚惶诚恐，甚至成为"杀手"？——2007年7月18日的某城市，在大街上，一场暴雨之后，竟然有30多人被雨水淹没致死。2011年6月23日，北方一个干旱城市的宽广马路上，在一场仅有63毫米的降雨之后，两个无辜的路人，竟然被雨水吞入幽暗的管道……

"内涝"和"看海"是中国城市问题的一个侧面。当前中国的城市有很多的问题等待我们解决：宽马路、大广场、道路拥堵、空间压抑、硬化的水道、奇形怪状的建筑等等。

为什么会出现这些问题？如何解决这些问题？这首先需要我们从价值观和审美观等方面入手，对过去30年的城市建设进行深刻的反思。

中国的城市病了

过去30年，中国经历着一场"城市美化运动"（其实叫"城市化妆运动"更确切），城市设计、景观和建筑艺术在"小脚美学"的指导下，塑造了很多畸形的、丑陋的建筑，让我们的建筑和城市艺术在一定程度上迷失了方向。这些形式化的作品在排放大量的碳和颗粒物的同时，加剧了生态环境的恶化，出现了诸如洪涝灾害、干旱、水污染、雾霾等环境问题，整个大地面临着一系列的问题。

我们可以看到，一些城市大量的所谓标志性建筑，实际上不能称为建筑，而是像装饰品，甚至是像畸形的装饰品。如有的建筑做成一个花，有的建筑做成叶子，有的建筑做成麻花，有的做成凤冠，有的做成UFO，有的做成机器人，有的做成皇冠——总之是耗能耗材，需要大量财力才能维持大楼的运转。

在"小脚美学"的指导下，很多真正可以使用的、平常的建筑，变成了巨大而畸形的建筑。在这个"小脚＋巨物"的建设过程中，中国花费了大量的人力、物力和财力。过去 30 年，几乎每年，我们耗掉的水泥是世界的 50%，钢材是世界的 30%，煤炭是世界的 30%。耗去巨大的能源，用大量的水泥去建设畸形的、所谓标志性建筑。

在环境方面，中国一半的城市面临着洪涝的危险，洪涝灾害年年发生。旱灾更是很明显，中国 60% 的城市是缺水的城市，深圳、北京都缺水，地下水都缺。地下水年年下降，整个华北平原的地下水一年下降 1～2 米。还有污染，大量的污染，中国 75% 的地表水被污染。大量的栖息地消失，政府数据显示，中国东部地区 50% 的湿地在过去 30 年内消失了，这是我们所面临的环境的问题，更是生存的问题。

可以说，在过去的 30 年中，中国城市在很大程度上面临一系列的问题，这些问题的存在使得中国城市的发展在一定程度上不可持续。

"小脚"的价值观和审美观

作为城市的建设者和使用者，我们每一个人都需要思考：是什么原因造成了当前中国城市的"病症"？原因就是前面提到的"小脚"的价值观和审美观。

中国过去两千多年的历史，有一千多年裹脚的历史，把小脚当做美的标准，一个乡下姑娘，脚很大，脸很黑，身体很结实，腿很粗，就会被认为是粗野的、俗的、不美的。而在士大夫的文化中，脸很白，身体很瘦（细若蜂腰），脚是三寸金莲，就会被认为是高雅的、美的。

美国作家、诺贝尔文学奖获得者赛·珍珠（Pearl S. Buck），在她的小说《大地》（*The Good Earth*，1931年）中生动地刻画了中国乡村生活"城市化"和品位"高雅化"的过程。故事开始，老实巴交的主人公王龙，从当地贵族豪门娶了一位仆人阿兰为妻。阿兰勤劳、健康且多产，为王龙生了三个儿女。她并不美艳，但吃苦耐劳，且持家有方，甚至当街乞讨以维持家庭生计。最终帮助王龙晟田置地，变得非常富有。富起来的王龙开始锦衣玉食，并租下当年东家的豪宅，迁居镇上。即便如此，青楼王婆仍称他为"乡巴佬"。于是，从嫌弃阿兰的大脚丫开始，王龙"讲品位"了。他迷恋并娶了青楼中最"美丽"的风流女子荷花，她小脚蜂腰、弱不禁风，她不事稼穑、不操家务，更不育子女。这样，王龙成功地完成了他的"城市化"和"高雅化"。他不事生产，以"小脚"和"无用"为美，这就是他的衡量标准。这也是漫长封建历史培育下的中国人内心深处的价值观。

可以说，长时间以来，在中国文化中，美丽等同于"不事生产、刻意雕琢、病态而丧失机能"，而非"自然原生、健康而有用"。某种意义上，中国文化语境里的城市化，源于妇女之裹脚与男子之离地不事生产。这继而演化为中国文化中，对成功与社会地位的衡量标准和审美标准。

比如，晋代的陶渊明所描绘的桃花源是一个"不知有汉，无论魏晋"的仙境与避难所，有"良田桑竹之属"、"阡陌纵横"——

有桑树，可以养蚕做衣，有竹子，可以做建筑材料，这是一个充满生机、丰产健康、人与自然生态和谐的田园，生产的土地才与自然过程相适得如此和谐，富饶而美丽。可以说，《桃花源记》描写的是"大脚"的美，健康的美，陶渊明是中国历史上摆脱了士大夫所谓高雅审美趣味的伟大文学家。

而陶渊明笔下的桃花源一旦被"小脚"的士大夫临摹、描绘，变成一个城市花园之后，"大脚"就变成了小脚。例如清代的圆明园，原来是一大片湿地和稻田，非常美，但经过宫廷园艺师设计之后，开始挖湖堆山，仿照陶渊明所描绘的桃花源意境，进行建设，建造了所谓的四十景，称为武陵胜景，集中体现了清代统治者的审美趣味，却把现实中真实的桃花源挖掉了——桃树是只开花不结果，没有鱼塘，池子里养的只是金鱼，"阡陌纵横"也没有了，它缺少的是真实可信的土地和人地关系、丰产的良田美池，因此是虚假和空洞的，呈现的是大地的宫廷化、小脚化。

我并不是要单纯批判中国的审美观。世界上任何一种文化，都有畸形审美的阶段。比如玛雅的文化，玛雅的贵族以裹头、把头压扁为美，而且裹头、压扁是特权，只有贵族才能这么做，普通人是不能这么做的。所以，玛雅贵族的头都是畸形的，而普通玛雅人的头是圆形的、健康的，生孩子也是高产的。而玛雅贵族在追求畸形美的过程中，造成了身心的不健康，生孩子都不好生，最终造成了自身的消亡。

大自然在进化的过程中生产出来的物种，一定是要健康、自然才能生存。但自然的往往是平常的，而要有别于平常，就必须把它异化。所以，千百年来，那些城市贵族们，为了有别于"乡巴佬"，定义了所谓的"美"和"品位"，手段就是将自然赋予的健康和寻常，变成病态的异常。这是贵族的价值观和审美观。

而这种贵族的价值观和审美观在城市和景观中被最宏大地展现。过去三十多年，"小脚"的价值观和审美观很大程度上主导了中国城市的风貌和特色，造成城市面貌和环境的日益恶化。

我们可以看到，乡村有丰产的稻田、果实累累的果园、生机勃勃的野草、活蹦乱跳的鱼虾，而一旦城市化之后，稻田、野草没有了，草坪大量出现，需要浇灌施肥，像小脚的美女一样被供养起来。果园没有了，很多种植的树木也只是用来观赏，比如桃树就是只开花不结果。总之是宫廷化、贵族化，不能生产，不可持续，需要花费巨大才能维护。

我们还看到，很多地方都建了 500 年一遇的防洪堤，用厚厚的水泥，把自然的双脚裹住了。原来的河流是恣意纵横、蜿蜒曲折，两岸是草木丛生，有各种的生物栖居，而今却硬要用一个"裹脚布"将河道重重包裹起来，使得河流自我调节的能力没有了，自我呼吸的能力没有了，自我净化的能力没有了，结果洪涝并没有减少，反而更加严重。

甚至一些乡村的河流也被改造，用汉白玉栏杆，用花岗石，把原来充满生命的河道变成了金水桥。为什么是金水桥？因为金水桥是宫廷的，在一些人看来，宫廷的就是代表美的。于是，乡下的河流宫廷化了、园林化了，乡下"大脚"的河流变成了"小脚"。

在"小脚"的价值观和审美观下，我们急于把粗野和丰产变成高雅和无用，我们大量的人力物力投入到"小脚化"的建设中：功能性的灌渠与丰产的水塘，沦为园林的装饰，而池中放养的是畸形的金鱼；良田变成了无用的观赏草坪，绿色的生产作物和乡土植物被金色或黄色叶子的园艺品种和怪异的花坛代替；为了制作盆栽，健康的树木被扭曲；牡丹和玫瑰淘汰了蔬菜和草药；一些畸形的观赏植物泛滥成灾，诸如金叶黄杨、紫叶小檗、红叶石楠，以及所谓的名贵树木大行其道。而原来乡下丰产的稻田、油菜花、高粱、玉米等被认为是粗野的、不美的，日渐消失……

我们要倡导"大脚"美学

正是基于上述的问题，中国当代城市建设需要倡导一种"大脚"美学，它包括两个关键的战略：

第一，用"逆向规划"解放和恢复自然之"大脚"，改变现有的城市发展建设规划模式，建立一套生态基础设施，提供生态系统服务，改变原有的机械的思维方式。土地生命系统的生态服务包括提供生物产品、环境调节、承载生命、文化及审美启智。我们需要跨尺度在全国建立生态基础设施，也叫绿色基础设施，是相对于现在道路、排水等灰色基础设施而言的。这个绿色基础设施犹如生命之树，在生命之树上城市才能开花结果，国土上的发展建设必须在这样的绿色基础设施基础上进行规划。

我们要让落到地上的每一滴雨水都留在土地之上，渗入地下，去补充干渴的土地，而不是排到雨水管道，泻入大海。我们应该减少那些约束、捆裹我们江河湖泊的水泥护岸，与洪水为友，给洪水以空间，还自然一双健康的"大脚"，恢复它们的生态服务功能，这样才能真正解决危及国土安全的洪涝和干旱灾害。

第二，必须倡导基于生态与环境伦理的新美学——大脚美学，认识到自然是美的，崇尚野草之美、健康的生态过程与格局之美、丰产之美，认识到"大脚"的美是环保的、健康的、丰产的、生机勃勃的，是一种新时代的美。

而且，这种美可以通过设计来实现，让原有的"小脚"的美变成"大脚"的美。这种美学会让我们的城市街道上跑动的是自行车而非汽车；这种美学会让雨水不再通过市政管道排出，而是被留在城市的鱼塘中或补充地下水，并通过绿色海绵一样的绿地得到自我净化和循环利用；这种美学会让我们街道上的绿地里长满庄稼和果树，不再只是开花不结果的园林观赏花木，会让我们的小区长满小麦和蔬菜；这种美学会让耐寒、耐旱的野草替代光鲜却耗水无度的草坪，会让我们不再因为畸形的大厦而欢呼，也不会因为巨型的广场而欢呼；这种美学会让我们与洪水为友，解开自然过程的"大足"，让其自由做功，让我们的城市丰产且美丽，享受无尽的自然生态服务……

这种"大脚"的价值观和美学观指导建设下的城市，是新桃源城市，是低碳或零碳的城市，是生产性的城市，是海绵型的城市，更是节约型的绿色城市。在这里，我们"望得见山、看得见水、记得住乡愁"。

其实，这场变革，早在将近100年前就已经开始了。从20世纪初开始的新文化运动，从文字开始变革，倡导一种新的美学，就是把"之乎者也"这样一种贵族化、宫廷化的语言变成老百姓的、大众化的语言，把鲁迅所说的"卖豆浆油条的老百姓的语言"变成官方的语言、新的语言，形成新的文化。正是因为那场革命，我们才有了当今的白话文。

但是，这场变革在其他的领域并没有继续，并没有深入。今天我们就是要高举新文化运动的大旗，继续"五四"以来的这样一场变革，倡导"大脚"美学，让生态文明走向新的生活，建立我们的理想之城。

理解海绵的哲学，建设海绵的城市

在明白了"大脚"美学的含义之后，我们再来谈如何建设海绵城市，如何实现水、人、城市和谐共存，让城市更美丽。

习近平总书记在 2013 年 12 月中央城镇化工作会议上要求，"建设自然积存、自然渗透、自然净化的'海绵城市'"。2014 年 2 月《住房和城乡建设部城市建设司 2014 年工作要点》中明确提出："督促各地加快雨污分流改造，提高城市排水防涝水平，大力推行低影响开发建设模式，加快研究建设海绵型城市的政策措施"。接着住房和城乡建设部于 2014 年 10 月底发布《海绵城市建设技术指南》，同年 12 月 31 日财政部又发布了《关于开展中央财政支持海绵城市建设试点工作的通知》。2015 年 4 月 2 日，首批海绵城市建设试点城市正式公布。之后，随着更多的试点城市的公布，"海绵城市"建设成为行业内外的热点话题，在全社会掀起一股海绵城市建设的热潮。

我最早在 2003 年出版的《城市景观之路：与市长交流》一书中，就提出把维护和恢复河道及滨水地带的自然形态作为建立城市生态基础设施的十大关键战略，指出"河流两侧的自然湿地如同海绵，调节河水之丰俭，缓解旱涝灾害。"

在 2016 年出版的《海绵城市——理论与实践》一书中，我明确了海绵城市理论与方法探讨的边界，指出"海绵城市"既是一种城市形态（即生态型城市），也是一种关于雨、水及雨洪管理和生态环境治理的哲学、理论、方法和技术体系；可以将当代环境艺术和景观设计语言，与当代海绵城市建设的科学技术相结合，使绿色海绵不但具有生态功能也具有经济和社会文化功能，而且是美的和可为人们日常所使用的。海绵城市的建设不应该被当作城市建设的经济负担，而应作为城市价值提升的途径，成为实现生态文明和美丽中国建设的重要途径。

总体上来说，"海绵城市"是建立在生态基础设施之上的生态型城市。这个生态基础设施有别于传统的、以单一目标为导向的工程性的"灰色"基础设施，而是以综合生态系统服务为导向、用生态学的原理、运用景观设计学的途径，通过"渗、蓄、净、用、排"等关键技术，来实现城市内涝和雨洪管理，同时包括生态防洪、水质净化、地下水补给、棕地修复、生物栖息地保护和恢复、公园绿地建设及城市微气候调节等综合目标。

可以说，海绵城市的主要起源就是水的问题。水的问题很多，是综合发生的、系统发展的。过去，解决水问题的方法比较单一，例如，用更加强悍的钢筋水泥解决洪水的问题，通过河道硬化渠化来排泄洪水；通过下水管网解决10年一遇、20年一遇的城市内涝；通过污水处理厂试图解决污染的问题。所有这些都使水被裹上"小脚"，变成了一个钢筋水泥的灰色系统。

因此，进行海绵城市建设，首先要明白"小脚治水不可为"，我们需要从理念上进行变革，树立"大脚"的治水理念。而这种"大脚"的治水理念主要体现在以下几点：

（1）"海绵"的哲学是包容，对这种以人类个体利益为中心的雨水价值观提出了挑战，它宣告：天赐雨水都是有其价值的，不仅对某个人或某个物种有价值，对整个生态系统而言都具有天然的价值。人作为这个系统的有机组成部分，是整个生态系统的必然产物和天然的受惠者。所以，每一滴雨水都有它的含义和价值，"海绵"珍惜并试图留下每一滴雨水。

（2）海绵的哲学是就地调节水旱，而不转嫁异地。它启示我们用适应的智慧，就地化解矛盾。中国古代的生存智慧是将水作为财，就地蓄留，无论是来自屋顶的雨水，还是来自山坡的径流，因此有了农家天井的蓄水缸和遍布中国广大土地上的陂塘系统。这种"海绵"景观既是古代先民适应旱涝的智慧，更是地缘社会和邻里关系和谐共生的体现，是几千年以生命为代价换来的经验和智慧在大地上的烙印。而把灾害转嫁给异地，是现代水利工程的起点和终点：诸如防洪大堤和异地调水，都是把洪水排到下游或对岸，或把干旱和水短缺的祸害转嫁给无辜的弱势地区和群体。

（3）海绵的哲学是分散，由千万个细小的单元细胞构成一个完整的功能体，将外部力量分解吸纳，消化为无。中国的常规水利工程是集国家或集体意志办大事的体现。但集中式大工程，如大坝蓄水、跨流域调水、大江大河的防洪大堤、城市的集中排涝管道等的失败案例非常之多。从当代的生态价值观来看，与自然过程相对抗的集中式工程并不明智，也往往不可持续。而民间的分散式或民主式的水利工程往往具有更好的可持续性。中国广袤大地上古老的民间微型水利工程，诸如陂塘和水堰，至今充满活力，受到乡民的悉心呵护。因此，我们呼吁对民间水工遗产的珍惜和呵护，歌唱民主的、分散的微型水利工程。这些分散的民间水工设施不对流域的自然水过程和水格局造成破坏，却构筑了能满足人类生存与发展所需的伟大的国土生态海绵系统。

（4）海绵的哲学是将水流慢下来，让它变得心平气和而不再狂野可怖，让它有机会下渗和滋育生命万物，让它有时间净化自身，更让它有机会服务人类。将洪水、雨水快速排掉，是当代排洪排涝工程的基本哲学。所以三面光的河道截面被认为是最高效的，所以裁弯取直被认为是最科学的，所以河床上的树木和灌草必须清除以减少水流阻力，被认为是天经地义的。这种以"快"为标准的水利工程罔顾水过程的系统性和水作为生态系统的主导因子的完全价值。以至于将洪水的破坏力加强、加速，将上游的灾害转嫁给下游；将水与其他生物分离，将水与土地分离，将地表水与地下水分离，将水与人和城市分离，使地下水得不到补充，土地得不到滋润，生物的栖息地消失。

（5）海绵应对外部冲力的哲学是弹性，化对抗为和谐共生，所谓退一步海阔天空。当代工程治水忘掉了中国古典哲学的精髓——以柔克刚，却崇尚起"严防死守"的对抗的哲学，遍中国大地已没有一条河流不被刚性的防洪堤坝所捆绑，原本蜿蜒柔和的水流形态，而今都变成直泄刚硬的排水渠。千百年来的防洪抗洪经验告诉我们，当人类用坚固防线将洪水逼到墙角之时，洪水的破堤反击便指日可待，此时的洪水便成为可摧毁一切的猛兽，势不可挡了。

总之，海绵的哲学强调将有化为无，将大化为小，将排他化为包容，将集中化为分散，将快化为慢，将刚硬化为柔和。在海绵城市成为当今城市建设一大口号的今天，深刻理解其背后的哲学，才能使之不会被沦为某些城市、规划设计师和工程公司们的新的形象工程、新的工程牟利机会的幌子，而避免由此带来新一轮的水生态系统的破坏。

老子说的好："道恒无为，而无不为"，这正是"海绵"哲学的精髓，也是我们进行海绵城市建设需要把握的首要原则。

与水为友，弹性适应

2

内容：建设海绵城市如何通过弹性适应的方式，而非常规的水利工程中的对抗方式，形成富有弹性的生态防洪设计，与洪水为友，如何进行差别化防洪，对多余的水泥堤坝进行生态化改造。

1. 为什么要建 500 年一遇的防洪堤呢？
2. 漂浮的花园："与洪水为友"
3. 弹性适应：让公园成为城市名片

案例：燕尾洲湿地公园，建设时砸掉了防洪堤，但却巧妙地保留、修复了原生态的地形，让河漫滩变成了梯田，通过梯田这种古老的中国智慧，最大程度地天然蓄水，与洪水为友。

精彩观点：

耗巨资进行河道整治，建 500 年一遇的防洪堤，把大江大河全部裹上水泥，结果却使欲解决的问题更加严重，犹如一个吃错了药的人体，大地生命遭受严重损害。

我们完全可以通过设计的力量，解开大自然那双被裹住的脚，舒展开大自然的经络和筋骨，还江河自然之美，使洪水变得温和下来，使得我们能够适应洪涝灾害，真正将城市打造成有"弹性"、可"利用"的海绵。

一条自然河道和滨水带，有凹岸、凸岸、深潭、浅滩和沙洲。生机勃勃的水际尽显自然形态之美，它们为各种生物创造了适宜的生境，是生命多样性的景观基础，在这里动物和植物相依偎，动与静相映衬，自然而不凌乱，变化而不失秩序。

蜿蜒曲折的河道形态、植被茂密的河岸、起伏多变的河床，都有利于减低河水流速，消减洪水的破坏能力。河流两侧的自然湿地如同海绵，调节河水之丰俭，缓解旱涝之灾害。

既然河流有它自身之美，有调解之能，接下来要讲的是，如何改变以往垒大堤、筑高坝的"严防死守"的治水思路，真正做到"与洪水为友"。

为什么要建 500 年一遇的防洪堤呢？

洪水在中国是一个非常严重的问题，我们有着 5000 年洪水管理的历史。环境危机和不断增长的城市化将这一主题变得前沿化了。这同时也是一个全球性的问题，每一种文明都不得不适应洪水。在中国，多个朝代的繁盛程度都取决于他们如何适应、应对并与洪水共存。

河流水系是大地生命的血脉，是大地景观生态的主要基础设施，污染、干旱断流和洪水是目前中国城市河流水系所面临的三大严重问题，而尤以污染最难解决。于是治理城市的河流水系往往被当作城市建设的重点工程，作为民心工程来对待。

于是乎，耗巨资进行河道整治，建 500 年一遇的防洪堤、1000 年一遇的防洪堤，把大江大河全部裹上水泥，用无度的水利工程来试图防范水患，而结果却使欲解决的问题更加严重，犹如一个吃错了药的人体，大地生命遭受严重损害。这些"错药"包括下列种种：

（1）水泥护堤衬底。大江南北各大城市水系治理中能幸免此道者，少之又少。曾经是水草丛生、白鹭低飞、青蛙缠脚、游鱼翔底，而今已是寸草不生，光洁的水泥护岸就连蚂蚁也不敢光顾。水的自净能力消失殆尽，水－土－植物－生物之间形成的物质和能量循环系统被彻底破坏；河床衬底后切断了地下水的补充通道，导致地下水位不断下降；自然状态下的河床起伏多变，基质或泥或沙或石，丰富多样，水流或缓或急，形成了多种多样的生境组合，从而为多种水生植物和生物提供了适宜的环境。而水泥衬底后的河床，这种异质性不复存在，许多生物无处安身。

（2）裁弯取直。古代"风水"最忌水流直泻僵硬，强调水流应曲弯有情。只有蜿蜒曲折的水流才有生气、有灵气。现代景观生态学的研究也证实了弯曲的水流更有利于生物多样性的保护，有利于消减洪水的灾害性与突发性。一条自然的河流，必然有凹岸、凸岸，有深潭，有浅滩，有沙洲，这样的河流形态至少有三大优点：其一，它们为各种生物创造了适宜的生境，是生物多样性的景观基础；其二，减缓河水流速，蓄洪涵水削弱洪水的破坏力；其三，尽显自然形态之美，为人类提供富有诗情画意的感知与体验空间。

（3）高坝蓄水。至少从战国时代开始，我国祖先就已十分普遍地采用低堰的方式，引导水流用于农业灌溉和生活。秦汉时期，李冰父子的都江堰工程就是其中的杰出代表。这种低堰只作调节水位，以引导水流，而且利用自然地势，因势利导，决非高垒其坝拦截河道，这样既保全了河流的连续性，又充分利用了水资源。事实上，河流是地球上唯一一个连续的自然景观元素，同时，也是大地上各种景观元素之间的联结元素。通过大小河流，高山、丛林、湖泊、平原直至海洋形成了一个有机体。

大江、大河上的拦腰水坝，阻断了这一连续体带来的巨大危害，并已引起世界各国科学家的反思，迫于能源及经济生活之需，已实属无奈。而当所剩无几的水流穿过城市的时候，人们往往不惜工本拦河筑坝，以求提高水位，美化城市，从表面上看是一大善举，但实际上有许多弊端，这些弊端包括：其一，变流水为死水，富营养化加剧，水质下降，如不治污，则往往是臭水一潭，丧失河流的生态和美学价值；其二，破坏了河流的连续性，使鱼类及其他生物的迁徙和繁衍过程受阻；其三，影响下游河道景观，生境破坏；其四，丧失水的自然形态。水之于人的精神价值决非以量计算，水之美在其丰富而多变的形态及其与生物、植物及自然万千的相互关系，城市居民对浅水卵石、野草小溪的亲切动人之美的需求，绝不比生硬河岸中拦筑的水体更弱。城市河流中用以休闲与美化的水不在其多，而在其动人之态，而其动人之处就在于自然。其他对待河流之态度包括盖之、填之和断之，则更不可取。治河之道在于治污，而绝不在于改造河道。

客观讲，在一个以生存为首要目的的发展中国家的建设初期，除了一些明显的失败工程外，许多河道渠化硬化、钢筋水泥防洪堤坝、拦江水泥和橡胶大坝、水泥农田灌溉渠等大量工程建造的"灰色基础设施"在区域防洪、能源生产、农业灌溉和抗旱、城市的供水安全和排涝方面发挥过重要作用，其历史功绩不可抹杀。西方在200多年的工业化和城镇化过程中，也有过崇拜灰色工程的文化，它们带来了对自然征服英雄行为的自豪感，也是人类对自然认识不够全面、系统的情况下最容易采取的途径，在特定历史时期不可避免。

但是，当前一些防洪工程中，为了城市安全，不惜巨资用水泥堤坝将河流裁弯取直，变成了"三面光"的排水渠，目的是将河水快速排泄，没有了河漫滩，结果使下游洪涝压力加大、洪水的破坏力被加强、珍贵的雨水被排掉、地下水得不到补充、河流两岸的湿地得不到滋润、自然河床和两岸丰富的栖息地被破坏、生物灭绝、城市的亲水界面被毁坏，河流变成人和其他生命的死亡陷阱。如此，河流及其两岸的自然"海绵"系统被破坏，丧失了原有的弹性，也失去了本来可以源源不断给人类以综合的生态系统服务的能力。

我们身边最直观的感受就是，每到夏天暴雨，经常有一些城市面临"看海"、被淹的困境，于是恨不得所有雨水一下完，当夜都要把它排干，所以我们的管道修得很粗很大，所以政府投入巨大的资金，把水泥管道越做越粗，还安装上水泵，一下完雨水泵赶紧抽水，赶紧排掉。可是在这个过程中，我们同时也裹住了大自然的那双脚，我们的大江大河自己就不能调节雨涝？不能调节雨洪？自然的调节系统没有了，就像一个人进了医院，靠输液、靠人工设施来维持心脏跳动，所以我们看到涝灾越来越严重。

北京大学的一项研究表明：假设拆掉中国江河上的所有防洪堤坝（并不意味真要全部拆掉），中国每年被洪水淹没的国土面积占总国土面积的 0.8%，极端的百年一遇也只淹没约 6%，而中国的城镇居民只需要有 2% 的国土面积作为居住空间。也就是说，中国防洪防了几千年，抗洪抗了几千年，实际上只为了 0.8% 的国土。我想问，这值得吗，为什么要打这样一场永远不可能胜利的战争呢？

洪水其实并不可怕，我们完全可以通过设计的力量，解开大自然那双被裹住的脚，舒展开大自然的经络和筋骨，还江河自然之美，使洪水变得温和下来，使得我们能够适应洪涝灾害，真正将城市打造成有"弹性"、可"利用"的海绵。

所以，认识到这个问题以后，我们就需要行动，砸掉那些过度的钢筋水泥，给洪水以出路，视洪水为资源，让人与洪水相互适应，以局部的退让换取全局的主动，最终使得我们的城市能够"与洪水为友"。

漂浮的花园："与洪水为友"

浙江黄岩永宁公园是我们 2003 年做的。当时浙江省水利厅给了台州市黄岩区两个亿的工程款，黄岩区当地很积极，计划用两亿工程款做一个水利工程，把原来一条母亲河（永宁江）做成钢筋水泥、三面光的防洪河道。两岸树木没了，生物也没有了。结果十几公里长一条河道，做到一半的时候，发现做不下去了，为什么？农民向市长告状，说他的牛没地方喝水了。原来这是条母亲河，晚上水牛经过这个河道，自然而然地要下去喝水。结果，水利工程建了之后，牛没地方下去了，下去以后甚至跌断了腿。实际上，不光牛下不去了，人也下不去，小孩掉下去就会被淹死。

当时市长给我打电话问怎么办？我说第一要赶紧停下来，不能做这样的水利工程了，这样的水利工程劳民伤财，把原来的母亲河变成了丑陋的、小脚化的母亲河了。后来，当地政府采纳了我的意见，把工程停下来。当时市长就问我，如果不做防洪堤洪水会不会淹？淹了之后我可是要承担责任的，人命关天的事情。

洪水到底能够淹到哪？其实，洪水并不是无度地泛滥，洪水去的地方是非常有限的。针对永宁江来说，如果没有防洪堤，10年一遇的洪水会淹到什么地方？20年一遇的洪水会淹到什么地方？50年一遇的会淹到什么地方？分析后就会发现，实际上淹没的地方并不多，大部分防洪堤实际上是没必要的。只要我们把会淹没的地方留下来，不要盖房子，在洪水来的时候，让出来给自然，那可以是个湿地，可以是个荷塘，可以是片稻田。

经过分析以后，我们以"与洪水为友"的理念为指导，采用了水弹性的设计策略，将防洪与景观功能很好地结合在一起，首先把大部分防洪堤都拆掉了，恢复了原有的河道，这就使得原本以防洪为单一目的的冰冷冷的防洪大堤变成了弹性而自然的河堤，水涨时可被淹没，水退时滨水空间露出来，满足人们游玩休憩的需要。同时，又通过设计恢复了河道的深潭浅滩，深的地方适合什么鱼产卵，浅的地方适合什么鱼产卵，青蛙在浅的地方，鲫鱼在浅的地方，都可以产卵，形成一个生机勃勃的、适合生物多样性繁衍的河漫滩。所以把水泥防洪堤砸掉以后，第二年我们就看到生机勃勃的河漫滩和"大脚"的河道（图 2-1~图 2-4）。

黄岩永宁公园建成后为广大市民提供了一个富有特色的休闲环境，也获得了一系列的国内、国际的奖项：2005 年获建设部"中国人居环境范例奖"，2006 年获美国景观设计师协会设计（ASLA）荣誉奖，2007 获世界滨水设计最高荣誉奖。

图 2-1　原本以防洪为单一目的的冰冷冷的防洪大堤变成了弹性而
自然的河堤，水涨时可被淹没，水退时滨水空间露出来，满足人们
游玩休憩的需要

图 2-2　在整条河进行固化和渠化的过程中，设计团队说服当地领
导，提出了以更好的生态方式——以"与洪水为友"的理念进行防
洪，河流的渠化和硬化才得以停止

图 2-3　八个景观盒之一的红盒子，位于两条步道的交叉口，吸引人们关注被忽视的乡土植物，使平凡的美得以彰显

图 2-4　无论是在江滨的芒草丛中，还是在横跨内河湿地的栈桥之上，都可以看到青年男女、老人和小孩在快乐地享受着公园的美景和自然的服务

弹性适应：让公园成为城市名片

2016 年夏天，浙江金华市发生特大暴雨，造成 6.75 万人受灾，城区中心广场及市内多条道路被淹，而由北京土人城市规划设计有限公司（以下简称"土人设计"）设计的燕尾洲公园成功为金华市解决了近 80 万立方米水量的洪水淹没区。暴雨之后，公园内部没有出现一处多余雨水积存，公园的基本服务在暴雨中也未受影响，尤其是满足百年一遇的步行桥在恶劣天气下仍然安全畅通，充分彰显了海绵城市的魅力，成为诠释海绵城市理论的样板。

燕尾洲公园在历史上经常被洪水淹没，现在之所以能成为一块美丽的"海绵"，正是因为在设计之初就充分考虑了她的地理位置，砸掉水泥，实现"与洪水为友"，让她具有强大的吸水和储水的功能。

具体来说，燕尾洲公园在设计中将公园范围内的防洪硬岸砸掉，应用填挖方就地平衡原理，将河岸改造为不同重现期洪水可淹没的梯田种植带，梯田堤底 39.43 米的高程为 20 年一遇洪水所到位置，此时整个洲头被淹没。梯田堤顶为 40.8 米，即可满足 50 年一遇的洪水的高度（40.71 米），此时整个梯田区域被淹没，而内部场地保持完好，实现了与洪水为友的弹性防洪。这一举措不但增加了河道的行洪断面，减缓了水流的速度，缓解了对岸城市一侧的防洪压力，还提高了公园邻水界面的亲水性。

通过设计像梯田一样的退台式防洪堤，一层层的"梯田"都是可淹没的。这样，河道就变宽了，容量变大了。洪水没来的时候，"梯田"可以当路，市民可以一层层走下去，亲近江水；洪水来的时候，暂时让位给洪水，洪水有了去处，就变温柔了。

同时，水岸梯田上种植的都是野草，净水能力很强，护泥沙能力也很强，而且无须特别管理；公园铺设的砖都是吸水的，大面积铺了碎石，渗水性很强；而且，将滩地上大剧院的硬地广场与水广场、栈桥、环桥等巧妙结合，形成了燕尾洲湿地公园中层次丰富、节奏多变的主体空间，使得人的活动即使在洪水来临时也不受影响（图2-5~图2-12）。燕尾洲公园独特的设计，使得公园遇到20年一遇的洪水时，15公顷的洲头湿地被淹没，为下游减少了近30万立方米洪水的压力。洪水退后，公园又露出地面，恢复原有功能。

图2-5　金华燕尾洲公园总平面图

（a）场地现状（2011 年）　　　　　　　　（b）建成前（2011 年）（c）建成后（2014 年）

图 2-6　场地现状及建成前后对比。两侧水泥防洪堤被改造成为梯田式生态护堤；蜿蜒的空中步行桥将被分割的城市连接为一体

图 2-7　从当地民俗舞龙——"板凳龙"中获得设计灵感，跨过两江的步行桥（八咏桥）蜿蜒多姿，它不仅是一条连接通道，更是体验的场所，吸引大量的游客和居民，每天平均有 4 万余人使用该桥。它强化了市民对乡土文化的认同感和归属感

图 2-8　八咏桥跨越由原来的采砂坑改造而来的内湖，紧贴保留的河漫滩湿地，使游客得以与自然亲密接触

（a）干旱季

（b）雨季

图 2-9　与洪水相适应的栈道（5 年一遇的高度）与梯田的田埂系统相结合，形成一个空间体验系统，使游客能够与自然亲密接触（西南望）

图 2-10　去掉高高的水泥防洪堤，通过就地平衡土方的"填－挖"策略，建立梯级生态护坡，形成洪水缓冲区，让适应性植被茂盛地生长，平时为游客提供美丽的体验空间（东望）

图 2-11　高挑的平台和凉亭，地处 200 年一遇洪水范围之上，让游人近能俯瞰内湖景观，远能眺望城市（48 页图）

图 2-12　场地内铺装为百分之百的可透水铺装，包括步行区的沙粒铺装，集雨区的生态种植池和车行区的可透水水泥铺装以及生态停车场（50 页图）

　　燕尾洲公园的设计获得了巨大的成功。在新加坡举办的 2015
世界建筑节上，燕尾洲公园获得了最重要的大奖——"最佳景观
奖"（图 2-13、图 2-14）。目前，燕尾洲公园已经成为金华城市
的一张新名片。同时，这个案例现在已经变成国际的一个案例，
美国洛杉矶相关部门就提出要向浙江金华的燕尾洲学习，建设海
绵的洛杉矶。

图 2-13　建成景观鸟瞰（雨季），20 年一遇洪水淹没的实景。即便如此，步行桥仍然可以维护两岸的有效通行（西望，2014 年 5 月）

图 2-14　建成景观鸟瞰（旱季），梯田防洪堤因为有雨季洪水带来的泥沙沉积，使适应于旱涝的禾本科植被得以茂盛生长，游人可在其中欢快游憩（西望，2014 年 11 月）

充分利用雨水 让土地回归丰产

内容：雨水可以在城市留下来，生产粮食，而不是排到河道里去。利用这一技术，为城市增加田园风光，使其成为一道亮丽的景观。通过水和营养的循环利用，让这些被误解为污染物的营养物，重新进入农业生产过程。

1. 桃花源里可耕田：丰产才是美丽的
2. 收集雨水，成就稻田校园
3. 海绵设计下的都市农业

案例：沈阳大学校园，在校园中种水稻，收集雨水用于灌溉。水稻不仅有生产功能，还有休闲功能。稻田旁可以读书，稻田里可以养鱼，收割后还可以放羊。

精彩观点：

桃花源是一个"可耕田"、物产丰富、满足生存需求的地方，而不是单纯观赏的园林植物，要靠人工养护。

沈阳建筑大学校园"让稻香融入书声"，用最普通、最经济而高产的材料，在一个当代校园里，演绎了关于土地、人民、农耕文化的耕读故事，诠释了"大脚"美学的理念。

我理想中的城市，首先，人跟自然应该是和谐的，流水清澈，空气干净，人走出家门五分钟就能走入绿色的廊道或田野。其次，这个城市又是自生产的，你的院子里养着羊，种着稻子和果树，而不是一些只供装饰的花卉和杂乱的亭台楼阁。第三，这个城市应该是能够最大程度地利用大自然的循环能力，而不是靠人工系统去控制：比如雨水能够自然地渗入地面，而不是通过管道排走；比如污水可以通过湿地来净化，而不是靠水处理工厂……

其中，让土地回归生产，以丰产为美，摒弃没有实际功能的"漂亮"景观，是我一直呼吁和提倡的。

桃花源里可耕田：丰产才是美丽的

我们再回顾一下陶渊明笔下的"桃花源"：一位渔夫划着小船经过一条两岸开满桃花的小溪，偶然发现了小溪源头处隐藏于山后的桃花源（忽逢桃花林，夹岸数百步，中无杂树。芳草鲜美，落英缤纷……）。这里被郁郁葱葱的群山环绕，内有阡陌交错的良田美池。这是一片与世隔绝的人间净土，这里的人们像一家人一样幸福地生活，老者健康矍铄，幼童也怡然自得。纯朴善良的人们用美食、美酒热情地款待了这位不速之客，就像对待自己的兄弟一样（土地平旷，屋舍俨然，有良田、美池、桑竹之属。阡陌交通，鸡犬相闻。其中往来种作，男女衣着，悉如外人。黄发垂髫，并怡然自乐）。

桃花源代表了我国古代民间的生存艺术，桃树林可以结果子，池塘可以养鱼，"良田美池桑竹"各有生产功能和生态功能，黄发垂髫可以在里面自然地耕种、生活。

"陶令不知何处去，桃花源里可耕田"，桃花源就是一个"可耕田"、物产丰富、满足生存需求的地方，而不是单纯观赏的园林植物，也不是要靠人工养护的绿化系统。

土地的伦理就是它的生产，景观应该是一个生产者，而不是消费者，景观应该尽可能"多产"，具有生产性：种植生产性的庄稼，提高生物多样性，提供生物栖息地等等。这个信念的产生主要基于我孩童时期家乡粮食的极度缺乏，以及成年后意识到世界很多地方粮食稀缺。我在论文《再造大地》（2010 年）中写道："在过去的 12 年里，从 1996 年到 2008 年，中国已经将 7% 的耕地变为城市用地……每年全国有超过 1000 万的农民离开农村，到城市寻找'更好'的生活，他们弃耕几百万公顷良田，或者出售田地作为建设用地和工业用地。现在，中国只拥有世界上 10% 的耕地，却要养活世界 20% 的人口，中国人均耕地面积大约是世界平均水平的 40%，全国正徘徊在土地和粮食危机的边缘"。

可以说，中国的土地和水都是缺的，但是过去三十年，我们有 10% 的良田浪费给了城市，而这 10% 中有将近一半的土地都是"小脚化"的，被观赏的园林植物、"小脚化"的绿化系统等等所取代，所以，如何回归生产，让土地重新变成丰产的土地，就变得非常有意义。

部分现行城市规划和决策者认为，以农田为代表的生产性景观是农村的象征，是落后生产力的表现，是不美的景观，与先进的城市文明是格格不入的，一般不允许城市建成区内还保留着农业社会时代的气息，即使有部分农田残留斑块，也很快被城市公园或高大建筑物所代替。在斥巨资改变场地原生环境建设城市文明的同时，又在花大力气保护郊区农田，倡导民众的耕地保护意识，这种矛盾在我们的城市建设和城市化进程中比比皆是。

记得 1998 年的时候，当时父亲从乡下来京看望我，非常感慨地说：北京那么大的公园绿地，放在那太可惜了，如果拿来种地多好！小时候，为了节约土地，家里田埂很窄，仅能单脚踩过。这促使我思考：为什么不可以呢？

中国美学应该是基于中国独特的自然环境而形成的审美观和价值观，是中国人在适应环境生存中产生的价值体系。文化不能停留在空洞之中，不能脱离于人对环境适应的智慧、经验和技术。景观设计学不是园林艺术的延续和产物，而是我们的祖先在谋生过程中积累下来的种种生存艺术的结晶，这些艺术来自于对于各种环境的适应，来自于探寻远离洪水和敌人侵扰的过程，来自于土地丈量、造田、种植、灌溉、储蓄水源和其他资源而获得可持续的生存和生活的实践。

例如，位于珠江三角洲的桑基鱼塘更是将农业生产发展成了多种产业循环的生态农业生产形式。在历史的演变过程中，当地人将低洼的土地挖深为塘，泥土堆砌为塘基，蚕沙喂鱼，塘泥肥桑，栽桑、养蚕、养鱼三者有机结合，这样独具地方特色的生产方式减少了当地的水患，创造出理想的生态环境，既收到了可观的经济效益，又最大地减少了环境污染，使当地生产得到良性循环。同时，塘与基、生产与生活合理的格局在地表上留下了健康、丰产且美丽的景观网络。

因此，作为一名曾经的农民，我认为保护景观和让景观具有生产性是一种道德责任。丰产的景观创造了新的审美价值——没有功能的漂亮景观是丑陋的，而实用的景观变得十分美丽。因此，在当代中国无止境地制造只供观赏的景观的背景下，我们景观设计学应该重建土地和人（尤其是因城市化而与土地疏远的年轻一代）的联系，让更多人意识到粮食危机，创造出更多的符合"大脚"美学、因丰产而美丽的生产性景观。

因此，我倡导保留场地中的农田，甚至将农作物作为城市绿地、城市公园中的主要植被，将大面积的农田作为城市功能体的背景，高产农田渗入市区，而城市机体延伸入农田之中，将农田与城市绿地系统相结合，成为城市景观的绿色基质或者重要斑块，以生态设计手法在保护农田生产功能的同时发挥其生态功能，重视城市中的生产性景观，以生产性景观引导新文化和新美学。

收集雨水，成就稻田校园

土地应该让它回归生产，我们应该以生产为美，以丰产为美，那么，怎样把丰产也变成美的呢？以下是我们 2002 年在沈阳建筑大学的校园做的一个案例。

　　这个校园将近 1 平方千米左右，校方花了一年时间将校园中的建筑都盖了起来，但整个校园的景观环境却还是荒芜一片，没有资金布置校园景观。离开学还有 9 个月的时间，怎么在 9 个月内把校园建出来，少花钱，而且要有特色，校长把这个问题交给了我们。面对时间短、要求高、资金匮乏的重重困难，我们勇敢地接下了这个任务。

　　我大胆地提了这么一个方案：在学校里种稻子，即收集雨水，用雨水灌溉土地，让土地恢复它的生产，生产东北稻。东北稻生长期很长，不像我们南方的水稻，像海南岛的水稻 100 天甚至 90 天就成熟了，东北水稻 150 天都可以在田里，所以，东北稻就有非常长的观赏期。用免费的雨水来灌溉东北稻，东北稻又变成了当地的特色，然后把读书的场所——读书台，放到稻子里面去，形成稻田校园。

　　种稻子很简单，稻田的建设和管理成本低，技术要求低，比传统校园的花草管理要简单，几个普通农民就能很好地完成从播种到收割的全过程。不但如此，种水稻还可以有收入、见效快，几个月内就可以形成有着四季交替的稻田景观；因此，这是个简单、低成本的做法。雨水是免费的，雨水是上帝给我们的恩惠，不用花钱，所以用雨水来灌溉稻田。这样，我们就用了最简单的农业种植方法，用当代的设计，把"大脚"变成美丽的"大脚"，把乡下的稻田变成城里的稻田。这个稻田就有了美的特质——可以在这插秧，学生参与插秧节，校园就有了文化，有了插秧节、收割节，每年学校都有了一个节日。稻田里还可以让老师散步，学生读书，老农放羊。每个读书台上有一个柳树，树荫底下读书，周边就是丰产的稻田（图 3-1～图 3-6）。

图 3-1 可进入的稻田和稻穗之美（62 页图）

图 3-2 稻田中的读书台

图 3-3 落日中的稻田、便捷道、杨树和谈心的学生

图 3-4　校园插秧节

图 3-5　校园收割节

图 3-6　校园稻田鸟瞰，放羊来维护草地（66 页图）

　　现在的沈阳建筑大学校园已经成为全市中小学生和大学生的参观点。学校举办插秧节、收割节，收割后还在每个田的田角下留一块稻子。留一块稻子干什么？就是要体现人跟自然的和谐。小时候种地时父亲曾告诉我，割稻子的时候，你不能把稻子全割光了，要在角下留上一块，是为了给小动物的，因为全割完以后，老鼠就跑到家里了，跑到粮仓里吃粮食。粮仓里是没有天敌的，所以老鼠变成硕鼠，就会变成灾害。如果地里有稻子，让老鼠在地里吃稻子，那么天上的老鹰就可以看到这个老鼠了，就可以把它叼走，这样，人跟自然就形成一个生态系统。

　　果不其然，稻子留在地里，成群的鸟、生物开始进入这个校园。校长说十多年没看到这么多鸟了，城市的校园没有这么多鸟，现在却是上万只鸟、上万只麻雀，飞到校园里来。我们看到，一些城市都有横幅标语，标语上写的都是绿水青山，鸟语花香。山确实绿了，花也很多，城市也是绿的，结果没有鸟，为什么没有鸟呢？很大程度上是因为我们种了只开花不结果的东西，鸟没有吃的。所以，我们要摒弃小脚化的城市景观，让城市变成生态的城市，一定要让那些自然的树木能够在城里生长、结果。

　　如今，校园每年产近万斤的稻米，这个绿色粮食就变成了学生餐厅的食物，同时被包装成学校的纪念品，深受国内外嘉宾的喜爱。袁隆平院士为之题词曰："校园飘稻香，育米如育人"，可谓意味深长。

　　总之，沈阳建筑大学校园"让稻香融入书声"，用普通、经济而高产的材料，在一个当代校园里，演绎了关于土地、人民、农耕文化的耕读故事，诠释了大脚美学的理念，也表明了设计师在面对诸如土地生态危机和粮食安全危机时所持的态度。

海绵设计下的都市农业

回归生产和自然，不忘记土地的伦理，丰产的土地才是真正漂亮的景观。所以我们要让土地回归生产，要让"大脚"变成丰产、健康的、美丽的"大脚"。然后让这样的一种理念，在更大范围内进行实践，我们就可以让整个城市变成丰产的城市。

在这里，我要举一个浙江衢州鹿鸣公园的例子。

在浙江的衢州新区，此前曾因控制石梁溪周边城市的扩张，获得国家级生态示范城市的荣誉。但是石梁溪西岸却因工业发展而日益恶化。为了保护因城市发展而受到威胁的土地，土人设计公司设计了一个可持续的、极富吸引力的景观方案，确保在未来能够保护这片被忽视却依然宝贵的31.3公顷的土地（图3-7）。

图3-7　场地原状图：场地地形复杂，有高地的红砂岩丘陵地貌、河滩沙洲，还有平坦的农田、灌丛和荒草以及沿河岸的枫杨林带

在城镇化过程中，周边土地农民不愿意种地了，土地撂荒了，如何让这样的土地回归生产，同时变成城市的休闲空间？我们在设计鹿鸣公园的时候，在保留原有地植被的基础之上，废弃地上引植了生产性作物，四季轮作：春天是油菜花，夏季和秋日是向日葵，早冬是荞麦，并轮作了绚丽的草本野花。草甸上一片片低维护的野菊花是很好的中药材料。同时，还有两处大草坪供露营、运动、儿童嬉戏等各类活动的开展。丰产而美丽的植物设计，吸引着人们在不同的季节到园中举行丰富多彩的活动；四季的绿草花香也融入了市民们的日常生活（图 3-8）。

在这片脆弱的湿地中，建造任何重大建筑都会与该项目的初衷背道而驰，我们坚持"与洪水为友"的设计理念，保留了场地内原有的自然地表径流系统，并设计了一系列生态滞水泡子，截

图 3-8　都市农业景观建成鸟瞰：废弃的土地如今变成向日葵花海

留场地内的雨水，滋润场地土壤，且园内所有的铺装皆为可渗透铺装。原有的和正在建设的水泥堤岸被全部取消和拆除，还自然河道以自然的形态。水上漂浮的栈道让游客可以近距离观赏原本易被忽略的特色红砂岩山壁。园中的凉亭也采用了水适应性的弹性设计，高架于洪水淹没线之上。

通过设计，撂荒的土地被改造成生机勃勃的都市田园，这个都市田园里有丰产的向日葵，丰产的油菜花，并且就像耕地一样，可以轮作，轮作城市中的绿地，把城市中的绿地变成"大脚"的绿地。这样的田野可以种地，同时也是美丽的、大脚的、生态的（图3-9、图3-10）。

鹿鸣公园建成之后，获得2016ASLA全美景观设计年度奖，成为当地居民极为喜爱的休闲游憩场所，作为城市绿洲，为市民丰富多彩的活动提供了理想场所，成为衢州市的新名片。公园内季节性的绚丽花甸，在社交媒体的传播下，吸引了大量的市民来此聚集，也提醒了在城市奔忙的人们对四季变换的意识，重温已渐模糊的故土的记忆（图3-11～图3-13）。在风和日丽的日子里，园内景色尤为动人：繁茂的花草之上、高架的凉亭里是欢快嬉戏的孩子们；少男少女们则在花海中甜蜜地互诉衷肠；新婚夫妇在田野里盛装摄影留念；父母带着幼子漫步，耄耋夫妇相扶于廊桥之上，眺望正拔地而起的高楼大厦。层层田地，绵延至溪边，种植着丰产而又美丽的作物，为稠密的城市提供清新怡人的绿色空间。

这样，我们把城市土地重新变得丰产，把"小脚"的绿地变成"大脚"的绿地，生机勃勃。当代人的审美与乡下的"大脚"，这两者结合在一起，就形成了一种新的美学，这个美学就是大脚的美，丰产的美。

图 3-9　夏日里，美丽而又丰产的向日葵盛开时，每天吸引了两万多游客入园游览观赏。高架的亭台让游客将夏季绚丽绽放的向日葵花海尽收眼底

图 3-10 挑空的步道下，是笼罩在晨曦薄雾中的花海，丰富多样的多年生花卉正灿烂地盛开

图 3-11 园中的草甸上轮种着多年生花卉和向日葵，在此之上有亭台和步道，让游客更好地赏游园中景致

图 3-12　在河漫滩的废弃农地之上，修建了水适应性的亭台和步道。抬高的步道旁种植着一排南北走向的水杉，在烈日之下刚好为游客带去一片浓荫，却不影响作物获得阳光

图 3-13　在俯瞰这片都市田园的高架平台上，每天有三组瑜伽习练者在此锻炼

第四讲

最少干预，满足最大需求

4

内容：如何利用原有场地资源，用最少的人力、最简单的元素、最经济的做法，创造一个真正节约、并为当代城市居民提供尽可能多的生态服务的可持续景观，满足人的需求。

1. 以最少干预来尊重自然系统的伟大
2. "绿荫里的红飘带"：艺术与生态简约主义的结合
3. 最少干预下的水弹性湿地公园

案例：用最少的人工和资金投入，河北秦皇岛汤河公园实现了从一条脏、乱、差的河流廊道，到一处魅力无穷的城市休憩地的转变。

精彩观点：

生态设计是一种最大程度借助于自然力的最少设计。这要求规划设计师在画图时惜墨如金，土方工程惜土如金，利用自然系统，以最少的工程量来实现海绵系统的建立。

"红飘带"案例展示了在城市设计和建设中，如何利用原有场地资源，用最少量的人工干预、最少的设计和工程，充分满足现代城市人的需要，创造一种人与自然和谐的生态与人文空间。

在 2008 年的时候，国际知名旅游杂志《康德纳特斯旅行家》评出的"世界建筑新七大奇迹"，其中，由土人设计的秦皇岛汤河公园"红飘带"生态景观工程榜上有名。它与著名的丹麦"积雨云"、阿联酋迪拜塔、美国新当代艺术博物馆、英国温布利大球场等同享"世界建筑新奇迹"的美名，也是中国唯一入选的建筑作品。

在卫星上拍下的城市建筑照片中，除了能看到长城，还能看到长约 500 米的"红飘带"。它依秦皇岛汤河河流廊道而建，穿梭在绿树林荫中，绵延旖旎，可以坐，可以照明，还可以当盆景……《康德纳特斯旅行家》在评价入选的"红飘带"时称："这一构思保留了原有河流生态廊道的绿色基底，将城乡接合部的一条脏、乱、差的河流，改造成一处魅力无穷的城市休憩地。"

在城市化和城市扩张过程中，自然河道的渠化和硬化以及"美化"运动在中国大小城市中方兴未艾，这是一种悲哀，我们完全可以有更明智的城市河流改造和利用方式。秦皇岛汤河"红飘带"案例展示了在城市设计和建设中，如何利用原有场地资源，用最少的人工干预、最少的设计和工程，满足现代城市人的最大需要，创造一种人与自然和谐的生态与人文空间。

这就是我们这一节要讲的主题：最少干预。

以最少干预来尊重自然系统的伟大

自然生态系统生生不息，不知疲倦，为维护人类生存和满足其需求提供了各种条件和服务，生态设计就是要让自然做功，强调人与自然过程的共生与合作关系，从更深层的意义上说，生态设计是一种最大程度借助于自然力的最少设计。这要求规划设计师在画图时惜墨如金，土方工程惜土如金，利用自然系统，以最少的工程量来实现海绵系统的建立。

然而，这么多年来，我们对大自然的干预实在是太多了。我们用极其恶劣的方式，摧毁和毒害了大地"女神"的肌体，使她丧失自然服务功能；我们用各种工程措施来捍卫我们的城市免受自然力的破坏，固若金汤的人类工程，不但耗资惊人，也在一定程度上使城市与大自然隔绝。结果，自然的水平衡系统被打破，洪水的威力越来越大，而稀缺的雨水资源却瞬间被排入大海；自然河流水系被填埋、断流和渠化；湿地系统被破坏，河流廊道植被被工程化的护堤和"美化"种植所代替；农田防护林和乡间道路林带由于道路拓宽而被砍伐；池塘、坟地、宅旁林地、"风水林"等乡土栖息地及乡土文化景观大量消失。

为什么要保护自然？因为自然界的每个组成部分都有各自的功

能。每个健康的生态系统，都有一个完善的食物链和营养链。自然是具有自组织或自我设计能力的，整个地球都是在自我的设计中生存和延续着。自然系统的丰富性和复杂性远远超出了人的设计能力，与其过多地人为设计，不如开启自然的自组织或自我设计过程。

但是在我们这个唯技术至上的时代，最小干预设计的传统渐渐消逝，在近 30 年的快速城市化和工业化的进程中，许多对水生态系统的"保护"本质上是"以生态之名反生态之实"的旅游开发、休闲开发、公园开发等，在投资充足的情况下，不惜成本地改造原本稳定的场地生态环境。

因此，在当前的时代，我们更需要思考一下，如何以尽可能少的干预来尊重自然系统的伟大？

最少干预就是越来越简洁，最后做到基本上不破坏，基本上不改造，但是又能够满足人的需要。这在中国的乡土景观遗产中有非常好的体现，比如都江堰和灵渠就是绝佳的证明：深掏滩，浅作堰，以玉人为度，引岷江之水，用最少的技术获得最大的收获。以最少的投入，在收获水利的同时对自然和生物过程施以最小的干预，获得最长久的收益。

在当前的城市建设，尤其是海绵城市的建设中，我们应该秉持最少干预的理念，最大程度地依靠自然做功而将人为的干预降到最低。这一理念包括，发掘野草之美与乡土景观。如我国拥有丰富的乡土景观，包括乡土村落、农田、菜地、风水林、驿道、桥梁、庙宇等，它们是数千年农业文明历程中，应对诸如洪水、干旱、地震、滑坡等自然灾害，以及在择居、造田、耕作、灌溉、栽植等方面，无数适应、尝试、失败和胜利的经验产物，这些"生存的艺术"和智慧，使得我们的景观不仅安全、丰产，而且美丽。

要尊重并利用边缘效应，任何的设计过程都尽量不要去扰动原有不同生态系统之间的交换活动。例如，河道的渠化实际上就是生硬地阻隔了水陆两个生态系统的物质能量交换过程。在河道的规划和设计中，面对杂草丛生、泥泞遍布的河漫滩，设计师往往会忽视这些滩涂和植被的作用。洪水上涨，淹没河漫滩，其实为两岸的生物提供了多种营养物质，而渠化的河道却切断了这些联系。

总之，保护自然的最少干预并非是简陋的设计，而是对水生态系统的理解，对自然发展过程的尊重，对物质能源的循环利用，对场地自我维持和可持续处理技术的倡导，对健康美学的发掘和对文化遗产的保留。要认识到，水是流动的，人也是流动的，人应该随着自然景观的流动而流动。自然的环境很丰富，且十分多样，有林地、草地、湿地及人工改造的花园。河漫滩不要去动它，野草也不要去动它，应在不改变环境、不破坏地形、不砍一棵树的前提下，通过人的流动、人类的活动将不同环境"串联"起来。

"绿荫里的红飘带"：艺术与生态简约主义的结合

中国有个著名的舞剧《白毛女》，里面有两个主角：女儿喜儿和父亲杨白劳，喜儿爱美，杨白劳没钱，所以在大年三十的晚上，杨白劳给她买了一条红头绳，给女儿系上。一条红头绳，可以改变一个人，让她变得非常美丽。

城市景观也是如此。乡间的野地很自然，可能像一个乡间的姑娘一样蓬头垢面，可能没有安全感（有蛇、动物等等），但如果系一条红色的飘带，就可以让你感到很安全、很干净、很简洁、很现代、很时尚。而且造价很低，维护成本很低，最大程度地保护了自然。

"绿荫里的红飘带"就是这样的案例。在秦皇岛有一条河叫汤河，地处城乡接合部，脏、乱、差，多处地段已成为垃圾场，有残破的建筑物和构筑物，包括一些堆料场地和厂房、水塔、提灌泵房、防洪丁坝、提灌渠等，环境治理迫在眉睫。当时，城市扩张正在胁迫汤河，渠化和硬化危险已经迫近。就在场地的下游河段，两岸已经建成住宅，随之，河道被花岗岩和水泥硬化，自然植被完全被"园林观赏植物"替代，大量的广场、硬地铺装、人工雕塑和喷泉等彻底改变了汤河生态绿廊。

如何在这一地带做一个城市的游憩场所？通常的做法清除掉杂草灌木，铺上花岗岩，种上奇花异草，花巨大的成本将其改造为"高雅的"城市公园。我们没有这么做。我们用了三个月的时间，只做了一条红飘带，就是一条长长的板凳，用它整合当代城市人的欲望，这条飘带有 500 米长，同时可以供 1000 个人坐在这休息，人们可以在这里散步、坐下来休息、遛狗（图 4-1）。

场地中其他的地方都没有改动：到处都是野生的芦苇，一棵树都没有砍，野树还是野树，野草还是野草，河漫滩还是河漫滩，但一条红飘带一下子让整个河漫滩亮了起来。穿越水际的红飘带，预留了动物穿行通道，以最小干预设计保护河漫滩生态系统的完整性和连续性；穿越河漫滩林中的红飘带，对原生河滩环境破坏最小，为城市居民和旅游者提供愉悦的休憩空间；而穿越高草区域的红飘带，使得杂芜的自然植被变得整洁靓丽——一个原来没有人、荒芜的危险地段，变成了最吸引人的地段；人和自然通过这条飘带连接在一起，这是健康之美、生态之美、和谐之美（图 4-2～图 4-6）。

图 4-1 鸟瞰效果图——绿荫中的红飘带

图 4-2 穿越河漫滩林中的红飘带。对原生河滩生态环境破坏最小，同时能给城市居民和旅游者提供愉悦的休憩空间

图 4-3 穿越高草区域的红飘带，使得杂芜的自然植被变得整洁靓丽

图 4-4 冬雪中的红飘带（86 页图）

图 4-5 夜晚中的红飘带

图 4-6　人和自然通过红飘带连接在一起，这是健康之美、生态之美、和谐之美

这个例子充分说明，我们可以用最小的干预把自然的土地城市化，我们可以花很少的钱就能改变城市的风貌，建设现代生态田园城市，要有艺术感、时代感、当代感，要将前卫的艺术与生态结合起来。

红飘带其实反映了我的一个重要思想：最少干预，即生态简约主义。它并非形式上的简约，而是生态功能和结构上的简约，它向人们宣告：通过最少的人工干预也能创建出非凡的景观。我们不必建造那些巨型的巴洛克式景观，来讨好游客们。我们不应向自然索求超过需要的部分，应以最少干预的方式，利用现代艺术和科技创造出节约型的景观，满足城市人的欲望。这种做法很现代，但你可以看出它也很"中国"——红飘带具有中国特色和意味。

最少干预下的水弹性湿地公园

下面再介绍一个由土人设计的哈尔滨文化中心湿地的案例。

哈尔滨是中国东北地区的重要城市，地处松花江下游，洪泛时有发生。湿地所在的江北新区刚刚修建了一条 500 年一遇的防洪堤，将原属于江滩的 200 公顷湿地与主河道切离。由于水源被截断，湿地生境恶化。与此同时，湿地以北的城市建设迅速发展，造成严重的雨洪问题，被污染的雨水排入河道，导致松花江的水质下降。

设计的目标在于构建水弹性湿地公园，使之成为生态基础设施的有机组成部分，并用于净化雨洪和自来水厂排放的废弃尾水。在这一过程中，湿地重现生机。因此，有限的设计干预措施是实现项目目标的最佳手段，在恢复自然和发挥其雨洪管理即生态水净化作用的同时，建成一个低维护的城市绿地。

结合雨洪管理来净化自来水厂的尾水及进行湿地生态环境修复，哈尔滨文化中心湿地用最小的干预，引入亲水休闲设施，包括大部分修建在水面之上的人行栈道和休憩场所。这些人工设施轻轻"漂浮"在自然的本底上，与自然过程若即若离，亲近却不破坏自然的过程。原本"荒野"的自然景观也因此变成一处难得的城市公园，自然而不乏可进入性，一年四季吸引了大量的市民前往使用，为建设海绵城市作出了重要的贡献。

例如，湿地公园四周修建了一系列生态洼地，南部文化中心及北部城区产生的雨洪径流将汇集于此并得到净化。通过配置适应性植被，使水岸绿化能应对旱季和雨季高达 2 米的水位差。水位线以上的植被采用放任自然的管理，较高的地带则在配置的乡土树丛之间设计人工草甸。在生态洼地的修建过程中，尽可能减少工程量，将开挖和回填过程结合在一起，同时尽量避免坡地整理的土方工程，以最大量保留原有的树木和地被。每年的水位波动使水域边缘出现泥泞、脏乱、难以靠近的地带，要想将湿地建设成为市民终年可以前往活动的公共空间，显然需要处理这个难题。设计师想出来的办法是建立离岸木栈道，使人行空间与地面和湿地边缘脱离。最终建成了 6 公里的栈道系统，连接 13 个休憩平台（图 4-7～图 4-10）。

　　通过这些景观设计策略，原先持续恶化的湿地生境和无人问津的城市边缘地带，已成功被改造成一个具有功能的湿地公园，可调节雨涝、净化城市地表径流以及自来水厂排放的尾水。在建成的适应性水弹性公园里，利用最小限度的干预措施修建了木板道和休憩场所，满足了市民的休闲游憩需求。在大型公共绿地中放牧，可以带来食物生产和低维护需求的双重好处。这种远古时代就有的景观策略既维护了大型公园的整洁，又使市民无须出城就能亲近自然。

图 4-7　在人行天桥上行走是一种愉快的体验，行人能够与自然产生亲密的联系

图 4-8　木板道和桥梁与地面和湿地的边缘相分离，因此对场地内的自然环境只有最低程度的影响，否则它们可能显得杂乱。这些文化性构筑物创造了一种不干扰自然过程和形态的新形式

图 4-9　高架模板路和桥与水岸相分离，供市民游赏。它们组合成了景观，并在不同季节提供欣赏美丽而脆弱的水景观的路径

图 4-10　公园在很大程度上尊重了自然过程，具有生产性且维护成本低，但还是从外界引入了家畜（94 页图）

让自然做功，营造最美景观

5

内容：如何通过简单、微小的地形设计，收集和利用雨水，开启栖息地的自我再生和进化历程，让自然做工，在修复生态环境的同时产生综合的生态系统服务。

1. 将"灰色"变绿，让自然走向自我演替和健康运行
2. 让自然做功：建立适应性调色板

案例：天津桥园有一个600亩的废气地，污染很严重，同时也是盐碱地，传统的治理成本高昂，通过让自然做功，实现了低成本又长效的治理。

精彩观点：

"让自然做功"的核心是将"灰色"变绿，通过生态修复技术，开启自然过程，让自然能走向自我演替并健康运行，能够为人类社会提供健全的生态系统服务。

一个 22 公顷的公园，原来是一个废弃的打靶场，污水横流，土壤盐碱，人人掩鼻。传统的治理成本高昂，有没有别的办法，让治理变得低成本又长效？土人设计根据地形，挖造出深浅不一的坑塘，有水有旱，播下种子，让植物开始自然生长、繁衍。与不同水位和盐碱条件相适应的植物群落开始了自我恢复，一片独具特色的土地维护生态基础设施就此产生。

我们现在一直在提倡低碳，其实低碳并不仅仅是高技术，最简单的就是种花养草，让自然做功，通过自然系统来吸收，自然界有这样的净化能力，而且不需花钱或者花钱很少。

建设海绵城市追求"自然积存、自然渗透、自然净化"，而让自然做功，可以用最简单的方法，达到令人惊喜的效果。

将"灰色"变绿，让自然走向自我演替和健康运行

在城市快速发展过程中，自然系统在迅速退化，自然系统的生态服务能力在迅速减退。土地原有的对自然过程的调节和净化功能、生产功能、生物栖息地的功能以及审美启智功能都受到严重破坏。城市中的一些废弃地往往成为城市污水、垃圾的聚集地，是卫生的死角，也是疾病的滋生体。

一直以来，针对这种情况，我们通常会在城市中建设一些绿地空间来改善城市生态环境，为市民提供游憩场所，一般的做法是排除污水、硬化地面、种植观赏花木以改变环境。然而，中国几十年来建设的许多传统的观赏性城市公园，却因其高维护费用、大量水及能源消耗，成为城市的经济和环境负担。

这就迫切需要我们尊重地域景观，打开自然的自我恢复能力，开启自然过程，"让自然做功"，为人们提供无尽的生态系统服务，同时彰显城市的独特景观，使城市真正走向低碳化。这是一个新的环境伦理和价值观，也是一个新的生态城市主义理论和新的美学观。

"让自然做功"，这句话看上去似乎并不那么深奥，但是其背后却掩藏着深刻的哲理和系统的生态学知识。生态工程和传统工程具有本质区别，生态设计是依靠生态系统自我设计、自我组织功能，由自然界选择合适的物种，形成合理的结构。人工的适度干扰，是为生态系统自我设计、自我组织创造必要的条件。"让自然做功"所做的不是替代自然、统治自然，而是尊重自然系统的完整性和连续性，尊重水、土、生物等不同元素之间的内在作用机理，尊重物种的演替规律、分布格局和运动规律，在此基础上模拟自然和利用自然的自我修复功能。

比如，可以进行微地形的改造，创建"海绵地形"。微地形改造的本质是通过调整水土接触面的理化、生物性质，改变微气候条件，创造微环境，让自然做功，实现场地自然演替和再生，开启自然过程，恢复生态系统服务。

比如，城市建设和人类活动对水生态系统的破坏，加剧了众多与之相关环境的恶化。水是生态系统中最活跃的因子，因为有水，自然生态系统生生不息，水为维持人类生存和满足其需要创造了各种条件，提供了各种服务。健康的生态系统依赖于健康的水生态过程，健康的生态系统是"海绵城市"的基础。

所以，采用水作为媒介进行生态系统修复、让自然做功是成功的关键。深浅不一的洼地收集的雨水量不同，越深的洼地，土壤饱和后水越深，雨水滞留时间也越长；越浅的洼地，雨水饱和后积水有限，甚至溢流入周边的洼地。地形差异结合水量差异会导致水热条件的差异，为营造丰富的生境、让自然更加稳定地做功打下基础。

总之，"让自然做功"的核心是将"灰色"变绿，通过生态修复技术，开启自然过程，让自然能走向自我演替和健康运行，并为人类社会提供健全的生态系统服务。

让自然做功：建立适应性调色板

天津桥园是一个 22 公顷的公园，原来是一个废弃的打靶场，垃圾遍地，污水横流，路人掩鼻，临建破败，不堪入目，土壤盐碱。景观设计师应用生态恢复和再生的理论和方法，通过地形设计，创造出深浅不一的坑塘，有水有旱，开启自然植被的自我恢复过程，形成与不同水位和盐碱度条件相适应的植物群落。将地域景观特色和乡土植被引入城市，形成独具特色的、低维护投入的城市生态基础设施，为城市提供了多种生态服务，包括雨洪利用、乡土物种的保护、科普教育、审美和游憩。

昔日一块脏乱差的城市废弃地，为何能在很短时间内经过简单的生态修复工程，成为具有雨洪蓄留、乡土生物多样性保护、环境教育与审美启智和提供游憩服务的、多功能生态型公园，而且造价低廉，管理成本很低？原因很简单——让自然做功。让自然做功，就是开启自然过程，修复生态系统，使公园能为城市提供多样化的生态系统服务而不是成为城市经济和环境的负担，形成高效能、低维护成本的生态型公园。因此，设计策略主要包括两条：一是针对天津独特的盐碱地条件，通过地形设计形成一套人工湿地系统，对雨水进行收集过滤；二是利用收集的雨水，形成与不同水位和不同酸碱度水质相适应的乡土植物和人工湿地景观，从而实现盐碱地上的生态恢复。修复工程按照四大步骤进行：

第一，生境设计。通过地形设计，形成深浅不一的洼地，将场地雨水全部收集进入洼地。每个洼地都有不同的标高，海拔高差变化以 10 厘米为单位，有深有浅。有深水泡，水深达 1.5 米，直接与地下水相连；有浅水泡，季节性的水泡，只有在雨季有积水，有的在山丘之上，形成旱生洼地。它们形成不同水分和盐碱条件的生境，适于不同植物群落的生长。在营造地形的过程中，场地的生活垃圾就地利用，用于地形改造。

雨水是酸的，土壤是碱性的，酸碱中和，变成适于植物生长的一种生境。由于收集雨水的量不同，深的坑和浅的坑其 pH 值也不一样，所以在公园就挖了 21 个坑，21 个坑形成了 21 种生境，植物、植被在这里生长。同时，由于雨季和地下水位浅的原因，21 个坑洞或成为水塘，或成为湿地，或成为季节性水池，或保持原状成为一些无水的坑穴。经过雨水的冲刷过滤，那些无水坑穴内的土壤由此得到改善，在汇集雨水径流的深坑中营养逐步沉积。适应性植物群落在这片水位与 pH 值变化不定的水域里繁茂丛生，灵巧地装点着这块区域的景观。

第二，群落设计。群落的形成从种子开始，我们在每个低洼地和水泡四周播撒混合的植物种子，种子的选择是设计师根据地域景观的调查、取样配制，应用适者生存的原理，以形成适应性植物群落。这些群落是动态的，这种动态源于两个方面，一方面源于初始生境不能满足某些植物的生长，所以被播种的植物在生长过程中逐渐被淘汰；另一方面，一些没有人工播种的乡土植物，通过各种传媒不断进入多样化的生境，而成为群落的有机组成部分。

第三，游憩网络设计。在修复的自然生态本底上，引入步道系统和休息场所。团状林木种群在水泡之间配置，由当地最为强势的柳树作为基调树种；多个洼地和水泡内都有一个平台，伸入群落内部，使人有贴近群落体验的机会。洼地和水泡间的游步道连接成网，雨水自然流入水泡之中。

第四，环境解说设计。在每个类型的群落样地边设计解说牌，对每个类型的自然系统包括水、植被和物种进行科普解说，在体验乡土景观之美的同时，获得关于地域自然系统的知识（图 5-1~图 5-4）。

总之，土地是有生产功能的，你不要剥夺它；土地有净化功能，你也不要剥夺它；空气流动能带来降温，你不要把它封闭起来……所以，要解开自然的"裹脚布"，让自然的"大脚"做功，它不耗能、不费力，是一个自我更新、自我繁衍、自我进化的过程。天津桥园的案例，就是用了最简单的方法，将人的位置放低，把自然的力量发挥到极致，这样的设计和措施平淡、普通，效果却令人惊喜。

　　天津桥园项目获得 2008 年全国人居环境范例奖，2009 年世界建筑节最佳景观奖。2010 年美国景观设计师协会专业奖评委会授予天津桥园项目年度综合荣誉奖时认为："只用了两年时间，将一个垃圾场恢复成为一个充满生机的场所和人的活动场所——这个公园的成功是令人震惊的。简单的雨水收集坑的肌理，不但使粗野自然的边界最大化，也创造了具有设计感的景观整体和视觉美感……而通过精心的网络设计，在低维护条件下，使脆弱的自然得以与人的活动和谐相容。"

图 5-1　深浅不一的水泡子所构成的城市生态海绵体景观

图 5-2　通过地形设计，形成深浅不一的洼地，将场地雨水全部收集进入洼地（106 页图）

图 5-3 不同的水泡子配合不同的植被群落显现出不一样的景观效果，四季变化无穷，吸引游人观赏、休憩

图 5-4　深水泡子在夏季布满睡莲，岸边是狼尾草和其他本土野草，吸引人们观赏、游玩

生态净化，变劣水为清流

内容：如何通过水的净化让各类绿色植物再生，由植物的繁茂吸引动物的回归，最终形成链条式的生命系统。这样，不但彻底扭转生态形势，还会营造全新而美丽的城市景观。

1. "作为生命系统的景观" —— 新的水净化方法和新的生态化防洪设计
2. 从郊外鱼塘到城市海绵

案例：后滩公园通过建立梯田式的净水系统，将污水中的富营养物质转化，展示了一种新的水净化方法和新的生态化防洪设计。

精彩观点：

后滩公园向人们展示了生态基础设施能够为社会和自然所提供的多重服务，展示了一种新的水净化方法和新的生态化防洪设计。这一后工业设计典范，展示了丰产的景观，昭示了一种基于低维护和高效能理念的新美学。

————————

一年一度的美国景观设计师协会 ASLA 评奖，素有"景观设计界的奥斯卡奖"之称，2010 年 4 月，它将景观设计类唯一最高奖项——杰出设计奖颁给了上海世博后滩公园。

评委会认为后滩公园展示出了"作为生命系统的景观"，在这里，生态基础设施可以为社会和自然提供多重服务，同时新的水源生态处理手段和防洪措施也一应俱全，"这一后工业化时代的设计展示出一种独特而高产的景观设计趋势，让人联想到生态革命的昨天并得以展望未来，显示出对于低成本维护和高效运营的景观设计的崇拜。"

下面我来讲一讲，后滩公园如何通过水的净化让各类绿色植物再生，如何通过雨洪调蓄，让生物生产，建立一个可以复制的生态净化水系统模式，创新了公园管理模式，让海绵城市的建设有了一个成功的样板。

"作为生命系统的景观"
——新的水净化方法和新的生态化防洪设计

有媒体曾这样报道有关后滩公园的一段轶事：据说，在一次项目视察时，有关市领导在考察完众多热闹场馆后来到后滩，忽然觉得一阵"适意"，仿佛来到一块净土，清新之气扑面而来：这里有鸟儿聚集欢鸣，有清流潺潺流动；后滩湿地是一个人造谷地，缓缓升起的草坡将世博园的热闹暂时隔离开来……不用煞费苦心找什么评语，身体给出两个字的判断：舒服！据说就在这次视察之后，后滩公园中利用半座旧厂房改造的一个休憩场所，被征用为"VIP 休息室"。

这段轶事充分说明了，后滩公园不是追求炫目夸饰的愉悦视觉，而是更为关注人内在的体验，关注足下文化和"大脚"之美。景观设计必须重归生存的艺术和监护土地的艺术，而非一门消遣、娱乐的造园术——建造一个公园或景观，要把它作为生态基础设施来营造，而不是单纯造一个"景"。

上海世博后滩公园为上海世博园的核心绿地景观之一，位于"2010 上海世博园"区的西端，占地 18 公顷，场地原为钢铁厂（浦东钢铁集团）和后滩船舶修理厂所在地，2007 年初开始设计，2010 年 5 月建成。我们说服了上海市政府，将原本建设的防洪堤砸掉，恢复成生态河漫滩，形成了每 20 年就将被淹掉一次的湿地公园。

我认为，水净化过程中将水从周围环境中分离出来——特别是河流的混凝土渠化，是十分错误的。水在生态系统服务中应处在核心的地位并具有生产能力、自我调节能力、生命承载能力和文化服务功能。在连续和完整的"自然"系统中，用生态的方法解决地表水污染，使植物与水形成完整的系统，让水能成为一个可以自由流动的连续体。后滩公园给了我一个将景观设计作为生命系统的理念的绝好机会。

因此，后滩公园的设计战略是将该地变为一个生命的系统，提供综合的生态系统服务，包括食物生产、洪水调蓄、水净化和为多种生物提供栖息地。公园的核心是一条带状、具有水净化功能的人工湿地系统，它将来自黄浦江的劣五类水（富含氮磷钾），通过沉淀池、叠瀑墙、梯田、不同深度和不同群落的湿地净化区，经过长达 1 公里的流程净化成为三类净水，日净化量为 2400立方米。这样原本的排污过程就转变为净化过程、施肥过程，用原本受污染的水去灌溉粮田和湿地，这本身又是一个生产的过程（图 6-1）。

2010 年开世博会用的许多水就是从这个公园里生产的，可以说，这个公园变成了生产水的水厂，每天可净化的 2400 立方米水，不仅可以提供给世博公园水景循环用水，还能满足世博公园与

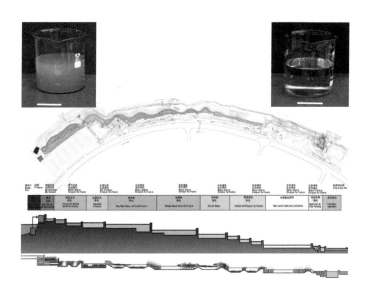

图 6-1　上海后滩湿地水质净化流程。经过后滩公园的人工湿地净化系统，进入后滩公园的黄浦江水由原来的劣五类水净化成为三类净水

后滩公园自身的绿化灌溉及道路冲洗等需要，可供 5000 人使用，相当于一座投入 500 万元的污水处理厂。如今，这块湿地变成了生机勃勃的生物多样性基地，有 20 多种鸟出没在这个上海市中心公园。

在江滩的自然基底上，我们选用了江南四季作物，并运用梯田营造和灌溉技术解决高差和满足蓄水净化的功效，营造都市田园。在自然江滩与都市田园的基础上，保留、再用和再生了原场地作为钢铁厂的记忆，巨大的工业厂房钢结构得以保留，并演绎为立体花园和酒吧游憩之所；原临江码头被保留，并设计成生态化的水上花园和观景台；一条由钢板折叠而成的锈色长卷，漂游于水岸平台之上，或蛰伏于地面成为铺地，或翘首于空中成为雨棚、景窗，巧取园中美景。

这座公园的管理成本极低。现在常见的城市公园绿地建成后大多需要投入大量水电和人工维护成本：修剪、浇灌、拔草……后滩是为城市和生态作贡献的公园，它建成后低成本自然生长，它采用的乡土湿地植物，生长、开花、结实，落地重新生长。

后滩公园的亲水内涵，还表现在砸掉了 20 年一遇的水泥防洪墙，采用石笼和抛石来进行江岸生态化改造。它允许自己全部被淹没，因为洪水来去也就那么几天。当它来时，就让它来，消耗洪水能量并降低其对城市的冲击，当洪水退去，这座公园洗个澡，会自己重新精神起来。这样，就在 20 年一遇和千年一遇的防洪堤之间，形成了一个洪水缓冲区，有利于缓解洪水冲力，湿地沿线曲折多变的谷地也为世博的游客带来了美的体验空间和静谧的休憩场所，同时也提供了科普教育和研究的契机。

受中国农业景观的启发，设计时通过建造梯田来分解从水边至公路 3～5 米的高程变化，也减缓了地表径流进入内河湿地的速度。一些作物比如玉米、水稻、向日葵和荞麦以及湿地植物都用来营造一种都市农业景观，使人们可以学习城市农业并体验四时变幻的风景：春天菜花流金、夏时葵花照耀、秋季稻菽飘香、冬日翘摇铺地。梯田丰富了湿地沿岸的景观，并且鼓励游客们通过田间埂道进入这个生命系统中，亲身体验农业和湿地景观。其中的路径就像海绵体的毛细血管，吸引人们在公园中穿梭往复（图 6-2～图 6-6）。

图 6-2　曝气跌水景墙建成景观

图 6-3　净化梯田湿地（118 页图）

图 6-4　生态防洪，不仅改变了原有刚性的防洪堤，而且通过生态护岸及内河缓冲区，形成弹性防洪系统（120 页图）

图 6-5　生态水净化过程也就是生物生产的过程，丰产而美丽是后滩公园湿地独具魅力的地方

图 6-6　春天，油菜花盛开。在梯田上轮种着各个季节的作物和乡土植物，用来吸收黄浦江里的营养物质

总之，后滩公园向人们展示了生态基础设施能够为社会和自然所提供的多重服务，展示了一种新的水净化方法和新的生态化防洪设计。这一后工业设计典范，展示了丰产的景观，昭示了一种基于低维护和高效能理念的新美学。

2015 年 3 月 17 日，哈佛大学校长吉尔平·福斯特访问清华大学并发表演讲时特别提到了后滩公园，并如此评价：人工构筑的湿地可以如此净化河水，可以如此沟通城市文化；景观设计师可以如此充当自然环境的守护者。

从郊外鱼塘到城市海绵

我再介绍一个宜昌运河公园的案例。

运河公园位于宜昌市"城东生态新区"，总占地 12 公顷，位于丘陵山地中的洼地，原为 12 个废弃的鱼塘。经过巧妙的设计，使鱼塘成为水体净化器，并引入林丛、栈道、廊桥和亭台，使之成为新城的"生态海绵"，净化被污染的运河的水体，缓解城市内涝，保留场地记忆，同时为周边居民提供了别具特色的休憩空间。

公园原来的场地和现状很不乐观。场地为大小 12 个废弃的鱼塘，景观非常单调，只有两棵树。北侧被一条宜昌运河所环抱，这条开凿于 60 年前的运河一直是城市用水的主供饮用水源，服务于近十万城市人口，同时利用水位高差发电。但由于上游及两岸的管理不善，河水已被严重污染，为劣五类水质，已不能为城市提供干净的饮用水。

在设计过程中，充分尊重和利用场地的特征，尽可能少地投入。

以综合生态系统服务为导向，修复生态系统，将现状废墟般的城乡接合部景观，转化为一处城市绿色海绵体，使其具有调蓄雨洪、净化河水、为生物提供生境等功能，同时能满足日常市民休憩需要的优美景观。

比如，建立基于鱼塘肌理的水净化系统。保留原有鱼塘，适当改造部分堤岸成为过滤结构，根据鱼塘水位的高差变化，通过串联方式引入运河的污染水体流经所有鱼塘，使水体得到充分的净化后，重新流归运河。这是一个科普展示，是海绵城市理念的注解，更是一种土地伦理。

比如，在鱼塘肌理上引入植被：乡土树木通过 5 种栽植方式引入本来单调的鱼塘肌理之上。一种是水杉树丛——水杉是最早发

图 6-7　建成景观鸟瞰

现于湖北境内的活化石，设计师用密植树丛的方式，将水杉小苗种植于鱼塘土堤的交汇处及水陆交际处；第二种方式是乌桕作为运河大堤的林荫带；第三种方式是广场林荫——主要用朴树、银杏、枫香等，形成浓荫的林下活动空间；第四种栽植是林地被，主要是能自播繁衍的植物和宿根类植物；第五类是水生植被，大量的荷花及香蒲等水生和湿生植物分布于鱼塘之中，用以强化鱼塘作为氧化塘的效用（图6-7～图6-10）。

总之，从郊外鱼塘到城市海绵，宜昌运河公园探索了一种将城郊农业景观转化为城市"绿色海绵"的设计途径，通过最少的工程改造，使昔日的工、农业"废墟"成为具有多种生态系统服务功能的生态系统和游憩景观。

图 6-8　用最少的工程，对现有鱼塘内部进行生态化改造

图 6-9　穿越鱼塘的栈道，吸引了众多的目光。

图 6-10　穿越鱼塘的栈道，从当地石埠获得灵感，由简单的水泥构建给人独特的体验（128 页图）

消纳—减速—适应，系统集成、综合治理

7

内容：建设海绵城市要遵循消纳、减速与适应三大关键策略，用人水共生的理念，用系统的方法和整合的生态技术，来解决城市中突出的各种与水相关的问题，真正建设一个海绵的城市，乃至海绵的国土。

1. 消纳：就地调节水旱，不转嫁异地
2. 减速：就地留下雨水
3. 适应：化对抗为和谐共生
4. 系统集成，综合治理

案例：哈尔滨群力湿地公园，六盘水明湖湿地公园，唐山迁安三里河生态绿道项目等。

精彩观点：

海绵城市建设的三大关键策略：消纳、减速与适应，它们你中有我，我中有你，更多情况下需要被组合运用，形成"源头消纳滞蓄，过程减速消能，末端弹性适应"的基本模式。这个模式与常规的水利工程和雨洪管理策略的集中快排、严防死守等工程策略完全相反。

前面我们已经讲过，海绵城市相对于常规的水利和雨洪管理、城市基础设施及建筑工程，在哲学层面上有以下几个特点：（1）完全的生态系统价值观，而非功利主义的片面的价值观；（2）就地解决水问题，而不是将其转嫁给异地；（3）分散式的民间工程，而非集中式的集权工程；（4）慢下来而非快起来，滞蓄相对于排泄；（5）弹性应对，而非刚性对抗。

在具体规划设计和工程上，"海绵"的哲学集中体现在以下三个策略：消纳、减速与适应。同时，我们应该对"海绵城市"概念有更深刻的理解，用人水共生的理念，用系统的方法和整合的生态技术，来解决城市中突出的各种与水相关的问题，真正建设一个海绵的城市，乃至海绵的国土。

消纳：就地调节水旱，不转嫁异地

把灾害转嫁给异地，是一切现代水利工程的起点和终点：诸如防洪大堤和异地调水，都是把洪水排到下游或对岸，或把干旱和水短缺的灾害转嫁给无辜的弱势地区和群体。海绵的哲学是就地调节水旱，而不转嫁异地。它启示我们用适应的智慧，就地化解矛盾。中国古代的生存智慧是将水作为财，就地蓄留、就地消化旱涝问题，遍布中国广大土地上的陂塘系统，三角洲的桑基鱼塘系统都是典型的大地海绵系统。这种"海绵"景观既是古代先民适应旱涝的智慧，更是地缘社会和邻里关系和谐共生的体现，是几千年以生命为代价换来的经验和智慧在大地上的烙印。

哈尔滨群力湿地公园（现在已列为国家湿地公园）吸取了中国农业文明中的基塘技术，用简单的填挖土方工程，营造了一处城市中心的绿色海绵体，用 10% 的城市用地，来解决城市的雨涝问题。

哈尔滨群力湿地公园占地 34 公顷，位于哈尔滨群力新区，新区占地 27 平方公里，公园处于低洼平原地带，而当地的年降雨量近 600 毫米，集中在夏季，所以雨涝是一大问题。设计的核心策略是借鉴三角洲地带悠久的传统农业中的基塘技术，即通过简单的挖方和填方，来解决低洼地的积水问题，形成洼地与高冈地相结合的"海绵"系统。高地种植旱生果木，而洼地养鱼和种植湿生植被，从而形成丰产的三角洲农业景观。这一技术在群力湿地公园中经过提炼，得到了应用。设计者沿场地四周，通过挖填方的平衡技术，创造出一系列深浅不一的水坑和高低不一的土丘，成为一条蓝绿相间的"海绵"带，收集城市雨水，使其经过滤、沉淀和净化后进入核心区的低洼湿地。水泡中为乡土水生和湿生植物群落，山丘上密植具有东北特色的白桦林，再通过高架栈桥连接山丘。在此整体格局基础上，建立步道网络，穿越于丘陵和泡状湿地之间。水泡中设临水平台，丘陵上有观光亭塔之类，创造了丰富多样的体验空间（图 7-1 ～图 7-4）。

图 7-1　雨洪公园边缘过滤带局部，由填挖方形成的"海绵地形"，历经多年雨水滋润，植物茂盛生长，自我繁衍

图 7-2　湿地外围高空栈桥和亭、台，给市民以独特的眺望和体验自然的机会

图 7-3　由填挖方形成的雨洪公园外围过滤带，收集、储蓄、初级净化城市雨水，在低维护情况下，维护核心区湿地生态环境的健康

图 7-4　公园为居民提供优美的游憩场所和多种生态体验

建成后的哈尔滨群力湿地公园，不但为防止城市涝灾作出了
贡献，同时为新区居民提供优美的游憩场所和多种生态体验，目
前已被列为国家城市湿地，成为一个国际海绵城市的典范。

减速：就地留下雨水

将洪水、雨水快速排掉，是当代排洪排涝工程的基本理念。
在这一认识中，三面光的河道被认为是最高效的，裁弯取直被认
为是最科学的；河床上的树木和灌草必须清除以减少水流阻力，
被认为是"天经地义"的。结果却使洪水灾害从上游被转嫁给了
下游。

海绵的理念是将水流速度慢下来，让它变得心平气和而不再
狂野可怖，让它有机会下渗和滋育生命万物，让它有时间净化自
身，更让它有机会服务人类。在我国优秀的农耕传统观念中，雨
水是财而非灾害，所以，让雨水减速，就地留下雨水，是海绵城
市的基本理念。

贵州省六盘水市是中国的一个"三线"城市，有近 60 万的人
口，集中分布在石灰岩谷地，水城河穿城而过，但已在 20 世纪 80
年代被渠化和硬化，完全失去自我调节能力；季节性的雨洪和干
旱问题并存；水体污染严重，上游的栖息地消失并被毒化；与此
同时，城市缺乏公共空间，步行和自行车系统缺乏。作为改善环
境的重要举措之一，市政府委托景观设计师制定一个整体方案，
建立一个完整的水生态基础设施，以应对城市所面临的多项挑
战，包括污染水体的净化、洪水和雨涝的管理、母亲河的修复、
公共空间的创建以及周边土地的开发。关键策略是减缓来自山坡
的水流冲击，通过雨洪资源，构建一个以水过程为核心的生态基

础设施，使水与土地、生物和城市有充分的接触机会，以重建生态健康的土地生命系统，为城市和居民提供综合的生态系统服务，包括改善雨水水质，恢复原生栖息地，提供游憩机会，最后促进整个城市的发展（图7-5）。

这个生态基础设施的首期示范工程是位于水城河上游的明湖湿地，其占地90公顷，原址为大量废弃的鱼池、被垃圾淤塞的湿地及管理不善的山坡地。六盘水明湖湿地公园项目设计的第一

图 7-5　场地鸟瞰图及建设前后场地景观对比

步、也是核心策略，是让水流慢下来，工程的具体策略包括：

（1）拆除混凝土河堤：恢复滨河及河道内的植被，沿河建造曝气低堰，让河水慢下来，并增加水体含氧量，为各种挺水、浮水和沉水植物提供生境，促进富营养化的水体被生物所吸收。

（2）建立梯田式湿地：向山区农民学习，通过简单的填挖方建立梯田，减缓山坡下来的地表径流、削减洪峰、调节季节性雨水。它们的方位、形式、深度都依据地质、地形因素和水流分析而设定。根据不同的水质和土壤环境种植了乡土植被（主要采用播种的方式）。这些梯田状栖息地减缓了水流速度，使水中的面源污染物和营养物质被微生物和植物所吸收。

（3）陂塘系统：与梯田相似，利用山谷，构筑低堰，形成一系列陂塘。陂塘之间通过潜流湿地相勾连，起到减速和过滤作用。再沿陂塘四周播种乡土湿地植被（图7-6～图7-13）。

缓流策略使六盘水上游的雨洪得以滞蓄和利用，旱涝得以调节，水体得以净化，植被和动物得以繁衍，并形成了人们流连忘返的公共空间。

2014年，该项目获得美国景观设计师协会（ASLA）年度设计荣誉奖，评委们对该项目的评价："设计师运用一系列再生设计技术，特别是采用技术降低水流速度，将渠化的河道以及生态环境日益恶化的城郊地区改造成一座全国著名的湿地公园。该公园充分发挥了河道景观作为城市生态基础设施的综合生态系统服务功能，包括雨洪调蓄、水体净化以及自然栖息地的修复。同时公园还为市民聚会赏景提供了一个宝贵的公共空间"。

图 7-6 场地总体鸟瞰图，图中为湿地公园的中心地区（面向北）

图 7-7 水城河上半部分的典型断面图。拆除了之前的混凝土河渠，设计了有繁茂植被的自然渠道，这样能够减缓山上流下来的水速。同时还恢复了河岸的生机，成为受人喜爱的钓鱼区，而两边的人行道和自行车道也有了其他用途

图 7-8　夏季，山谷周边仔细分级的生态草沟与蓄水池系统起到了"绿色海绵"的效果。雨水被拦截和保留下来用于捕获或是改造农业和城市的非点源污染物。设计的景观创造出了多种多样的栖息地，增加了该地区的生物多样性

图 7-9　应用中的湿地每天吸引成千上万的游客来此地游玩，不光有本市的，还有其他地区的游客。游客和当地人一样，喜欢欣赏秋季富有质感与多彩的景象。多年生的花卉在小路沿线和生态草沟之间，形成了低维护的地表覆盖物，给人生动和愉快的散步之旅

图 7-10　道路和生态蓄水洼地之间播种了可以自我繁育的花卉，营造出低维护的地表景观，这些元素共同为行人创造了充满生气、愉悦身心的步行体验

图 7-11　当坡度很陡的时候，阶地上的湿地能够减缓水流的速度而蓄水。这项技术的灵感来自于当地农民在坡地上种稻米的方法

图 7-12　人们喜欢在被一系列生态洼地和阶地净化的清澈的水池边嬉戏，因为能够亲密地接触到这些自我繁殖的丛丛野花，游客异常欣喜

图 7-13　彩虹桥高架在湿地花园上，是前往保护区湿地的通道，也是一个连接通道，让一直繁忙的居民放慢脚步，去欣赏城市周围的景象，还有那些过去几十年来被人遗忘和未发现的美景

适应：化对抗为和谐共生

海绵应对外部冲力的哲学是弹性，化对抗为和谐共生，所谓退一步海阔天空。如果我们崇尚"智者乐水"的哲学，那么，水的最高智慧便是以柔克刚，我们建设海绵城市就要学会适应，学会化对抗为和谐共生。

前面讲到的浙江金华的燕尾洲公园就是一个与洪水为友的试验性工程，重点探索了如何通过建立适应性防洪堤、适应性植被、适应性步行交通、适应性构筑物及适应性的土地使用，来实现与洪水相适应的弹性设计。因为前面已经分析过，这里就不赘述了。

系统集成，综合治理

关于海绵城市建设的三大关键策略：消纳、减速与适应，尽管在上面的举例说明时分别进行了讨论，但它们你中有我，我中有你。更多情况下它们需要被组合运用，形成"源头消纳滞蓄，过程减速消能，末端弹性适应"的基本模式；这个模式与常规的水利工程和雨洪管理策略的集中快排、严防死守等工程策略完全相反。

在实际的海绵城市建设中，上述各种生态海绵技术和设计模块往往需要系统集成，综合运用，这种集成包括：（1）城市生态建设目标的综合集成，如雨洪管理和生态修复、城市休憩环境营造的综合，生态建设与城市土地开发的综合；（2）规划与设计的不同层面和方法的整合，包括从构建生态安全格局开始，到控制生态红线、划定海绵体的边界、设计导则的制定，再到具体海绵体的工程设计；（3）雨洪过程和功能关系上的综合集成，如渗、滞、蓄、净、用、排等过程的综合集成；（4）海绵体空间关系上的综合设计，如上下游的关系，空间的立体叠加关系，包括海绵体与城市其他建设用地关系上的整合设计。

总之，通过海绵工程技术的综合集成，形成一个城市的生态基础设施，为城市和居民提供全面的生态系统服务，这些服务包括：提供干净的水和空气，甚至蔬菜和食物；城市旱涝调节、水体净化、地下水补给、生物栖息地的营建、优美的人居环境营造、文化遗产保护和精神价值的提升、科普教育等多个方面。

下面，我结合曾获得 2009 年度国家人居环境奖，2011 年度世界建筑节最高景观奖，2013 年度美国景观设计师协会设计荣誉奖的河北省迁安市三里河生态绿道，来讲一讲如何综合运用各种生态海绵技术和设计模块来进行海绵城市建设。

三里河作为迁安的母亲河，承载着迁安悠远的历史与寻常百姓的许多记忆。历史上的三里河受滦河地下水补给，沿途泉水涌出，清澈见底，暑月清凉，严冬不冰。但在 1970 年代以后，由于城关附近工业不断发展和城镇人口的增长，大量工业废水和生活污水排入河道，三里河水质遭到严重污染。同时，随着区域水资源的减少，滦河水位严重下降，三里河干枯，河道成为排污沟，固体垃圾堰塞河道，昔日的母亲河成为城市肌体上化脓的疮疤，更是广大居民心中的剧痛。

如何通过生态恢复，使得三里河重现昔日风光？本案例综合运用雨洪生态管理的渗透、滞蓄和净化技术以及与水为友的适应性设计，并结合污染和硬化河道的生态修复，用最少的干预，保留现状植被，融入艺术装置和慢行系统，并将生态建设与城市开发相结合，构建了一条贯穿城市、低维护的生态绿道，为城市提供全面的生态系统服务。经过综合治理与生态修复，三里河从一条无水而且被污染的河流，成为一条生机盎然、亲人的河流（图7-14）。

图7-14　索引图展示了设计中一些精选图景的位置。对比图代表了场地在2006年和2012年间发生的剧烈变化，滨河地带从过去的垃圾堆放地、污水排放沟成功转变为绿色基础设施

在这个案例中，系统集成与综合运用主要体现在：

（1）针对缺水问题，延续之前的滦河补给，并采用自然力，利用高差将滦河水引入三里河。引入与洪水为友的水弹性技术模块，运用"蜿蜒拟自然水道＋湿地链"的做法来恢复水生态系统弹性以应对滦河水位变化，少水时可以利用湿地泡和水坝来存水，水多时，滨河活动带可以作为行洪通道。

三里河历史上原本自然状态下是蜿蜒的一条主河道，经过硬化后变曲为直，出现干涸趋势；并且随着水量的日益减少，三里河河道也在不断变窄，两侧村庄不断向河道侵入，河流逐步失去了应对水涨水落的弹性。针对缺水问题，将引滦河水入三里河，滦河水位变化也将考量着三里河河道的弹性应对能力。与洪水为友技术能够有效地恢复河道的弹性：拆除渠化河道，恢复自然河道，并通过确定潜在调洪湿地类型，计算可调蓄洪水规模，划定不同安全水平的调洪湿地范围。考虑到滦河水量的不确定性，扩大三里河水生态系统弹性阈值，设计为"水道＋湿地链"的形式。原本硬化的河道被移除，转变为多水道、深浅不一、蜿蜒多变的拟自然河道设计，使河流既可在汛期蓄滞来自滦河的洪水，又可在缺水期有效管理水资源。低水位时，保持现状河道的走向和宽度基本不变，作为行洪主河道和深水区；常水位时，根据功能和景观要求在沿岸增加浅水区和湿地景观带；高水位时，利用老河床的低洼地势，规划滨河活动带，控制灌木的种植，作为特大洪水的行洪通道；外侧的城市滨河带高程与城市道路和用地的高程持平。

（2）针对整个河流生态系统的重建，引入生态系统仿生修复技术模块，在已构建的丰富的地形结构基础上，通过乡土植物混播，形成与环境相适应的乡土自然群落。并逐级恢复食物链，通过食物链的增长，达到往昔生物多样性。

20世纪50年代对三里河的描述："沿河芦苇丛生，鱼虾繁盛，鹅鸭成群，两岸绿树成荫，雀鸟栖息，环境优美"。但是，经过常年未截污的排放和粗放管制，加之滦河水位和区域地下水位不断下降，三里河已经变成了一条季节性河流，且一年的绝大多数时间内，河床裸露，河底的淤泥臭气熏人。河道周边也成为倾倒生活垃圾的场所，污水部分透过土壤渗入地下，部分流入河道中，造成三里河廊道内河道、河岸的严重水土污染，无人愿意靠近。

在已构建的"蜿蜒拟自然水道 + 湿地链"这一丰富的地形结构基础上，通过乡土植物混播，形成与水岸突沿区、水溅区、河畔区和阶地区不同微环境相适应的乡土自然群落。利用植物资源与净化功能的生态系统仿生修复技术，改良水土污染现状。结合食物链自下而上式构建原则，首先构建土壤和植被营养级，逐级恢复食物链，通过食物链的增长，达到往昔生物多样性。

（3）针对河流污染问题，采用加强型人工湿地净化技术模块，一方面运用雨污分流，从源头上控制污水流入，沿河绿地、湿地植物带使得流入河流的雨水得到从土壤、微生物以及植物的多重净化。

在沿三里河埋设截污管道工程实施之前，三里河曾是迁安市城区的排污通道。大量工业废水和生活污水排入河道，其中造纸企业排放的工业废水危害最大，水质遭到严重污染，河床淤积。三里河治理工程实施后，三里河则成为迁安市河东区最重要的雨水排放通道。在三里河沿岸现有若干个雨水口，其中，明珠街南侧雨水口规模较大。降雨量较大时，雨水从雨水管中喷涌而出，喷水距离达十几米，对三里河河床冲击较大，并危及河对岸的村庄。工程措施上：①清理场地上的工业垃圾；②采取雨污分流的排水体制，截流城市污水（包括雨污合流管中的雨水），使其进入城市污水处理厂；③沿河设置多个雨水排放口，减小排放口的规格，保证雨水排放通畅，同时减弱对河道的冲击。再采用加强型城市人工湿地系统净化技术来控制三里河的水质。生态措施包括：①在河流沿岸设计带状绿地，用来截留和过滤雨水；②拆掉河道现有的水泥护岸，以生态堤岸为主体；在边坡上种植低维护的乡土植物与茂盛的湿地植物，利用湿地种植带过滤、沉积雨水中的有害物质，优化水质；③在与十里河交汇处规划生态湿地，用于城市雨水蓄积和净化。

（4）在水中设置最小干预技术模块的树岛和串珠式湿地泡泡，并通过栈桥连接，沿河不仅有步道，还有自行车道，河流向市民开放，最小的介入却最大化地提高城市河流的使用功能。

迁安三里河生态设计案例中，在开挖河道时，保留了场地河边上现有的所有树木（如柳树），使其成为树岛，且将原本硬化的驳岸改造成大小不等的栖息岛，栖息岛之间通过桥和栈道在水中央相连成水上通道。并在最小干预的原则下，尽可能多地提供居民活动的场所。其中包括两方面：一是让树岛通过连续的木栈道相连在一起，成为周边居民日常活动的地方；二是沿河设计行人和自行车道，无障碍的行人和自行车道沿绿道布置，完全对周边社区居民开放，让河流充分服务于市民生活。

移除混凝土衬砌，为保证场地现状乔木而创建一系列主河道滨水湿地系统，包括如翡翠珠串联起来的湿地泡泡，这些湿地泡泡可以调蓄雨季雨洪径流，保证旱季水量。同时，湿地泡泡亦能作为净化水质的缓冲带，处理来自城市的面源污染。河道内水流随着湿地泡泡和种植岛的布局而蜿蜒，不断为生物栖息、繁殖、觅食提供空间和营养（图 7-15 ~ 图 7-20）。

迁安市三里河生态绿道的设计获得了很大的反响。ASLA 评委会在评价其设计时称"尺度令人印象深刻，蜕变惊人，细节处理非常完美。娴熟的植被栽种展示了对园艺的深刻理解。这是一个净化水体的伟大环境筹略，一个美丽的作品。"美国大学教科书 *Landscape Architecture*（全球景观设计学发行量最大的教材）的封面就是迁安三里河项目，封面上两个孩童在河里嬉戏，就像很多被访问者所说，改造后的三里河让他们想起了小时候家门口那条可以戏水捞鱼的小河，感受到了童年，感受到了家乡。

图 7-15　弹性河流绿地策略：场地上水泥渠化的河岸被砸掉，在主河道的边缘建立起生态蓄水沟，调蓄洪水，并缓冲了城市雨水径流，发挥出"绿色海绵"的作用，还创造出多样化的植物生境

图 7-16　绿道中段流经高密度社区，即 800 米长的折纸区域。这一中国红的艺术品使用玻璃钢制成，它蜿蜒曲折，穿过河边原有柳树的树荫

图 7-17　两个小女孩正涉水过河，这条经过修复的母亲河的传奇故事，她们曾经从长辈那里听说，如今听来可信：故乡的河是野草生长、莲花开放、鱼儿肥美、甲鱼丰富的地方（152 页图）

图 7-18 晨练：两个演奏者正在绿带的背景下吹奏唢呐——一种木管乐器，"杂乱的"乡土植物环绕的绿道，这样的场景在居民日常生活中数不胜数

图 7-19　回到河边。绿道伸入城市机理，为城市发展注入活力。鱼鳖重回河流，居民可以钓鱼为乐

图 7-20　重生的母亲河，两边长满了本土植物及低维护成本的地被，如香蒲、何首乌、芦苇、千屈菜、薄荷、野黄菊等（156 页图）

建立海绵系统是个『挣钱的买卖』

8

内容：海绵城市不是一天就能建成的，但它带来的长远的生态效益和经济效益，特别是城市品质的提升，值得我们为之而努力。

1. 建设海绵城市并不一定都是高昂投入
2. 建海绵城市有长远的生态效益和经济效益

案例：三亚"双城双修"、唐山迁安三里河生态绿道、哈尔滨群力湿地公园等都产生了很好的生态效益和经济效益。

精彩观点：

要充分考虑生态投入和经济收益的关系，充分认识建设海绵城市，建立众多的海绵系统也可以是"挣钱的买卖"。海绵城市固然需要大的资金投入，但生态的投入必将会带来更多经济的收益。

———————————————————

当前，海绵城市建设已经引起越来越多的关注。尤其是在2017年的政府工作报告中，"推进海绵城市建设，使城市既有'面子'，更有'里子'"，充分体现了党和国家对海绵城市建设的重视。

但海绵城市建设是个复杂工程，需要多种工程技术设施，包括排水防涝设施、城镇污水管网建设、雨污分流改造、雨水收集利用设施、污水再生利用、漏损管网改造等多个项目，并非一朝一夕就能建成。据报道，中央财政对海绵城市建设试点给予专项资金补助，直辖市每年6亿元，省会城市每年5亿元，其他城市每年4亿元。而从2016年的情况看，全国30座城市中的19座仍出现了内涝。

投入这么大，为何见效这么慢？于是，在很多人的印象里，建设海绵城市成了"烧钱"的事。事实真的如此吗？对此，我们要有辩证的认识。

建设海绵城市并不一定都是高昂投入

罗马不是一天建成的，同样的道理也适用于海绵城市建设。诚然，海绵城市建设的投资很大，曾有权威人士曾透露，预计海绵城市建设投资将达到每平方公里1亿～1.5亿元。但建设海绵城市并不一定都是高昂的投入，我们也可以用最少的人力、最简单的元素、最经济的做法，来创造一个真正节约、并为城市居民提供尽可能多生态服务的海绵系统。

海绵城市是一个建立在绿色生态基础设施之上的城市形态。它有别于常规的工程性的、缺乏弹性的、由水泥构成的"灰色基础设施"：它不是要进行河道渠化硬化、钢筋水泥防洪堤坝、拦江水泥和橡胶大坝等大量工程；也不是为解决内涝，片面依赖灰色的管道工程，工程浩大、维护成本高，只为满足瞬时排水要求；更不是要花巨资用水泥堤坝将河流裁弯取直，变成了"三面光"的排水渠，将河水快速排泄。海绵城市建设是综合、系统、可持续地解决水问题，包括雨涝调蓄、水源保护和涵养、地下水回补、雨污净化、栖息地修复、土壤净化等。"海绵"对应的是实实在在的景观格局，构建"海绵城市"和"海绵国土"即建立相应的生态基础设施。从这意义上来说，它不需要高造价，也不需要很复杂的材料。

海绵城市建设并不需要什么昂贵的"高技术"，它可以通过低成本和"低技术"来实现。例如，我们可以用农民填方和挖方、灌溉和施肥、播种和收获的智慧来营造海绵城市。

例如，我们可以如前面所讲，通过设计，让"大脚"变成美丽的"大脚"；砸掉防洪堤，将河漫滩变成梯田，与洪水为友；让土地回归生产，让河道、湿地系统自我调解旱涝，还江河自然之美等等，这些海绵系统的建设，都是用最少的人工和投入，将城市中的河流、湿地，变成魅力无穷的城市休憩地，用不高的费用，解决了当前城市生态中种种棘手的问题，经济、节约而且有效。

基于此，在当前的海绵城市建设中，我们应该充分认识生态建设对城市发展的价值，多选择用自然、生态的做法推进海绵城市建设，用最少的人工和投入来取得最好的效果，破除造价、材料、技术等迷信，踏踏实实运用中国的智慧推进海绵城市建设，真正让我们的城市既有华美的"面子"，更有舒适的"里子"，如此，则城市幸甚，居住在城市里的人们幸甚。

建海绵城市有长远的生态效益和经济效益

海绵城市，不是一天就能建成的，但它能带来长远的生态效益和经济效益，特别是城市品质的提升，值得我们为之而努力。因此，要充分考虑生态投入和经济收益的关系，充分认识建设海绵城市、建立众多的海绵系统也可以是"挣钱的买卖"。海绵城市固然需要大的资金投入，但生态的投入必将会带来更多经济的收益。

以海南省三亚市为例。作为过去 30 年中国城镇化的缩影，三亚市患有全国普遍出现的城市病。2015 年，三亚开始"双城""双修"试点工作，建立海绵系统，修复生态环境，一年后，这里基本没有再发生过内涝。而且，正是因为加大了城市生态修复力度，推进海绵城市建设，三亚整体提升了城市生态功能，提高了城市品质，构建了"山青、水净、天蓝、地绿、城美、人和"的美丽家园。一些经过修复的地方，提升了投资价值，带动了经济发展。

土人设计在三亚做的东岸湿地公园，在建设之前和建设之后，当地房子的单平方米价格相差好几千。这是什么意思呢？就是说，我们在处理、解决、改善城市的环境的同时，实际上也在提高城市的品质，改造环境、建设生态。从这一意义上来说，推进海绵城市的建设，建立众多的海绵系统，不是个花钱的买卖，而是个"挣钱的买卖"（图 8-1～图 8-5）。

图 8-1　东岸湿地公园修复前（1）

图 8-2　东岸湿地公园修复前（2）

图 8-3　东岸湿地公园修复后（1）

图 8-4　东岸湿地公园修复后（2）

再以河北省迁安市三里河生态绿道为例。三里河生态绿道建成时间为 2010 年 5 月。水生态基础设施改变了原有的城市风貌，带动了河道两边城市的发展。

从生态效益上看，三里河乔木每年吸收二氧化碳约 677.83 吨。此外，芦苇湿地具有很好的碳汇功能，根据相关研究，每年每公顷芦苇湿地可吸收二氧化碳 13.32 吨，三里河生态绿道共有 7548.15 平方米芦苇，每年可吸收二氧化碳 10.05 吨。两者之和，三里河生态绿道仅乔木和芦苇湿地每年至少可吸收二氧化碳 687.88 吨。另外，三里河原为城市污水排放河道，水质恶劣，没有鱼类生存。该项目建成后，鱼类种类和数量明显增加。

图 8-5　东岸湿地公园修复后（3）

从经济效益上看，案例采用低成本的乡土陆生植物和丰富的湿地植物，配合野生在树冠下、生长繁茂的菊花。除灌溉之外，无须施肥、喷药、修剪，大大降低了场地的建造成本和维护成本。根据三里河公园管理处提供的数据，三里河生态绿道绿化年均维护费用为 165.3 万元，包括工人工资、肥料、农药、灌溉、修剪、运输等费用，其中灌溉费用为 15 万每年，包含灌溉依托油泵从三里河中抽水，费用按油费计算。该项目总绿化面积 792236.6 平方米，则绿地总维护费用约为 2.1 元 / 平方米，其中灌溉费用 0.19 元 / 平方米，可知野花组合、缀花草坪、狼尾草可节省维护费用 1.91 元 / 平方米，每年节省总费用 240939 元。

另外，项目实施后，根据迁安市建设管理部门统计，项目对范围内经济效益的直接影响是使沿河两岸土地增值，土地增值受益面积 5397 亩（359.8 公顷），短期可直接利用面积 1200 亩（80 公顷），新增值的城市用地出让带来的直接经济效益达 2.4 亿元。景观引导城市化，三里河绿道犹如城市发展的催化剂，吸引了大批投资商新建住宅小区，沿岸地产开发以住宅为主，适当配置办公、商业、娱乐和休闲服务设施；越来越多的住宅楼逐渐在河两岸缓冲区外的范围内建起，并逐步改变了城市的机理（图 8-6）。

图 8-6 绿道穿过城市中心，促进河流两岸的城市开发。木栈道沿河岸平行延伸。绿道两边都修建有自行车道，学生和成人可以此为通勤道路，同时也能为居民提供休憩空间

再如哈尔滨群力湿地公园的设计，一方面将城市消化不了的雨水引入公园，让自然做功，承接雨水，以减轻洪涝灾害，同时过滤和净化了城市地表径流，补充地下水。公园接纳的雨水滋养了湿地，使湿地重现昔日风采（图8-7）。

该湿地公园经济效益集中体现在三个方面：第一，用不同于常规市政工程的方法解决城市内涝，用10%的城市用地来作为低维护、低投入的绿色海绵体，可以有效解决雨涝问题，大大节约了市政基础设施的投资；第二，海绵体本身具有综合的生态系统服务功能，使城市土地的效用得到最有效的发挥，而由于对雨水——"财水"的充分利用，使城市的绿化维护成本大大减少；第三，由于公园的建成，周边土地价值成倍提高，周边的房地产价格在建成前后翻了1倍——当然，房地产价格的飞涨不完全归功于该公园，但影响是肯定的。

群力湿地公园建成 1 年后（2011 年）的景观效果

群力湿地公园建成 4 年后（2014 年）的景观效果

图 8-7　雨洪公园建成后在低维护的情况下，植被景观得到持续的发展，并带动周边土地价值的提升和城市品质的提高

借鉴农民智慧，建设海绵城市

9

内容：当前建设海绵城市要破除造价、技术、材料等迷信，用农民的智慧来营造海绵城市。

1. 什么是"农民的智慧"？
2. "思如国君，行若农夫"，推动海绵城市建设

案例：哈尔滨群力湿地公园的填挖方技术、六盘水明湖湿地公园的陂塘技术等。

精彩观点：

当前建设海绵城市要破除造价、技术、材料三大"迷信"，我们有必要向农民的智慧学习，回归土地的伦理，回归造田、灌溉、施肥、播种和收获的基本技术，用农民的智慧来营造海绵城市。这既是回归，也是创新。

在前面的几讲中，我多次提到了梯田、陂塘、填挖方等概念，它被应用到设计之中，使城市里的公园和绿地无须花费高昂的投入去营建，无须耗费大量的水资源去浇灌，无须消耗大量的能源和劳力去维护，在海绵城市建设中发挥了很大的作用，起到了很好的效果。

而这些技术，又是以中国自然、地理、文化、气候为基础的技术，它解决的是中国的问题，是当前我们建设海绵城市需要的中国智慧。

我将这种智慧称为"农民的智慧"。

什么是"农民的智慧"？

我这里所说的"农民"，不是在北美大平原上驾驶着现代化机械进行作业的产业化农民，而是靠传统的农耕生产为生的自然经济下的小农。我曾经批判过"小农意识"，包括攀比意识、杂草意识和庆宴意识，但这并不妨碍我们向农民学习其土地的伦理、造田的技术与艺术。它们对于营造今天的城市景观，具有极其珍贵的启示意义。

在土地伦理和价值观层面上，以自给自足为基本特征的小农经济的优点（在其他意义上是局限）在于，农民从土地上所索取的只需满足自己和全家的生活所需即可，这决定了他们对自然的干预是有界限的，即最少的干预。让土地丰产并珍惜来之不易的收获，使"勤俭节约"成为评价其行为的核心标准之一。

农民与土地的关系，天生就是以可持续为核心的，因为传宗接代为自然经济下的人伦第一要义：继承祖上所传的田亩，将遗产不减一分一毫或更多地传给后代，让后代拥有更好的生活，而这正是当代可持续理论的精髓。工具和技术的局限，决定了农民以宜人的空间尺度进行土地改造和管理。以个体和家庭为单位的生产组织过程以及春种秋收的节律适应，决定了邻里合作、亲友合作的重要性，因此社区便得以形成。而所有这些——最少干预、勤俭节约、可持续、宜人尺度、社区感——不正是当代城市景观所应有的特质和功能吗？

在我看来，中国农民的智慧包括以下几个方面：

填挖方技术。对于农民来说，填方和挖方是同时进行且不可分离的。但在今天的工程规范中，填和挖是分开的，挖一方土和填一方土的工程量需要分开计算。回顾现代的城市景观营造，我们看到多少为了挖湖而运出土方，或为了堆山而运入土方的浪费工程和造作地形。如果我们懂得像农民那样去填挖方、去造地形，我们的景观便可更具能效。

灌溉技术。当代的许多城市绿地已经离不开喷灌技术和排涝管道。向农民学习，就是要让我们的城市景观不再需要这样的"现代"灌溉系统。如果能够懂得如何利用自然的降雨来滋润土地和植被，便可以营造出高能效的景观。

施肥技术。城市里的绿地需要施肥吗？完整的营养链在当代城市生活中早已被切断，被农民当作宝贝的有机肥料，而今变成了一种城市灾害，对河流湖泊造成了污染。向农民学习，就是要缝合这个被切断的营养链，让施肥的过程也成为净化水体的过程。

播种与收获。不为收获而播种的农民，一定会被看作是不务正业的农民。让土地丰产，天经地义。向农民学习，让城市绿地回归生产，则可以使我们的景观变得更加有意义且更加高能效。

其实，从汉代开始，我们的祖先就总结出来的"四亩田一亩塘"的经验，以及早在秦代就广泛运用的低堰和鱼嘴分水技术、陂塘技术。中国农民通过简单的填－挖技术，营造桑基鱼塘、台田、圩田等各种与水相适应的景观，使得本来不适宜耕种和居住的长江三角洲、珠江三角洲、黄河三角洲，变成丰产而美丽的田园；通过陂塘和梯田，使得旱涝不测的山谷和陡峻的山坡，变得旱涝保收，且美丽无限。

总之，无论是官方的大型水利工程或是无数的民间小型水利工程，遍布中国大地无处不存在的丰富的"海绵田园"，它们集中体现了中国农民在造田、灌溉、施肥、栽植以及旱涝灾害防治上的技术与艺术，为当代海绵城市建设和海绵国土建设带来宝贵的智慧和无限的启迪。

"思如国君，行若农夫"，推动海绵城市建设

当前，在海绵城市建设方面，有些人认为，建设海绵城市需

要高造价，需要高精尖的高技术，需要很复杂的材料，我将它归结为造价、技术、材料三大"迷信"。我认为，当前建设海绵城市就要破除这三大"迷信"，我们有必要向农民的智慧学习，回归土地的伦理，回归造田、灌溉、施肥、播种和收获的基本技术，用农民的智慧来营造海绵城市。这既是回归，也是创新。

当然，若想将这些农民及其农耕生产过程中所体现的优秀特质转移为当代景观营造和管理的具体实践方式，尚需更加深入的、细致的分析。

正如我们前面所讲的一些案例，土人设计在运用农民智慧进行海绵城市建设方面积累了可以参考、复制的案例：

如哈尔滨群力湿地公园项目，从中国三角洲农业的桑基鱼塘遗产中获得灵感，通过简单的填挖方技术，在城市中心营造绿色海绵，综合解决城市内涝、水质净化、地下水补充和生物栖息地修复，并为居民提供游憩服务（图9-1）。

如贵州六盘水明湖湿地项目，通过一系列陂塘，将地表径流减速消能，给水系统以自我净化的时间，并滋润多样化的环境，提供多种生态系统服务（图9-2）。

如浙江金华燕尾洲项目，将公园范围内的防洪硬岸砸掉，应用填挖方就地平衡原理，将河岸改造为多级可淹没的梯田种植带，与洪水为友（图9-3）。

图 9-1　哈尔滨群力湿地公园

图 9-2　贵州六盘水明湖湿地项目

图 9-3　浙江金华燕尾洲公园（180 页图）

如天津桥园也是通过简单的填挖方，形成泡状生态海绵体，收集雨水，在解决城市内涝的同时，进行城市棕地的生态修复，发挥综合的生态系统服务（图9-4）。

如上海后滩公园将黄浦江的富营养"污水"作为湿地植物和梯田作物的肥料来源，不仅净化了河水，也免去了人工施肥，一举而多得（图9-5）。

如广州天河智慧城里的大观湿地公园，结合地势因地制宜开挖出连串湿地泡，形成海绵蓄水体中心，通过"渗、滞、蓄、净、用、排"等综合措施，使得公园在暴雨到来之时能够从容应对（图9-6、图9-7）。

总之，我们有五千年的农业文明留下的丰厚遗产和智慧，又有发达国家应对环境问题的经验积累，更有一个坚强和高效的政府及其协调机制，所有这些必将在推进海绵城市建设中发挥巨大的作用。

在此，我提倡推进海绵城市建设要"思如国君，行若农夫"，即我们要像国君一样思考，思考"望得见山、看得见水、记得住乡愁"，思考"山水林田湖是一个生命共同体，人的命脉在田，田的命脉在水，水的命脉在山，山的命脉在土，土的命脉在树"，思考"自然积存、自然渗透、自然净化的'海绵城市'"；同时要像农夫那样去劳作，通过学习，回归土地的伦理，结合当前城市的地形设计和水系梳理，既要有对传统智慧的借鉴，更要有新时代的创新，真正将我们的城市打造成有"弹性"、可"利用"的海绵，只有这样，才能推进海绵城市建设。

图 9-4　天津桥园

图 9-5　上海后滩公园

图 9-6　广州天河智慧城中的大观湿地公园（184 页图）

图 9-7　大观湿地公园中的湿地泡

海绵细胞，从家做起

内容：在雨水和社会的源头，将家庭的建筑和庭院为海绵细胞设计，使海绵城市建设从自然和社会的源头做起，真正成为一项民间的、人人参与的社会工程。

1. 利用雨水，打造生态住家
2. 节能和改善环境的双收益

案例：利用自家阳台，1 年收集 52 吨雨水，用来灌溉，每年可收获 32 公斤蔬菜。

精彩观点：

将生态设计作为一种系统策略，整合技术资源，用最少的投入、最简单的方式将一个普通住宅向绿色建筑进行转化是可行的。

建设海绵城市，每个家庭能做什么？我们可以利用每一个家庭细胞和社区绿地，收集雨水，绿化屋顶和宅院，则城市中20%以上的居住用地将成为城市雨水的收集海绵，城市内涝问题会得到极大的缓解。与地下水回补、洪涝调蓄这些宏观而学术的概念相比，以社区、居住区和家庭为单位，使雨水作为辅助水源再利用，和每个家庭、每个人的联系更加紧密，使得海绵城市的构建不再是遥远而摸不着的概念。

下面我就结合我在北京住宅的海绵设计，谈一谈如何让海绵城市建设走进家庭。

利用雨水，打造生态住家

我的住所在北京的一个中高密度社区——北京褐石园，社区由5层多家庭公寓组成，容积率高达1.2。针对北京"气候恶劣，冬季寒冷，夏季炎热，春季和秋季干燥，且昼夜温差很大，年降水量达到500毫米，主要集中在夏季，春季和秋季干旱少雨"等情况，我对位于5层的相邻公寓单元进行试验，主要的改造集中在公寓中两个主卧外南向的阳台和分隔这两个公寓的隔墙上。两个阳台因为北京恶劣的气候不能被很好地使用，每个大概30平方米；隔墙墙面大概11平方米。具体做法如下（图10-1～图10-7）：

小区总平与本案位置

图 10-1 区位与现状（中高密度社区，难以使用的阳台，高能耗的建筑）

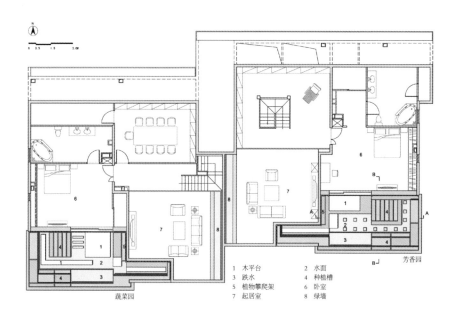

1　木平台　　　　　2　水面
3　跌水　　　　　　4　种植槽
5　植物攀爬架　　　6　卧室
7　起居室　　　　　8　绿墙

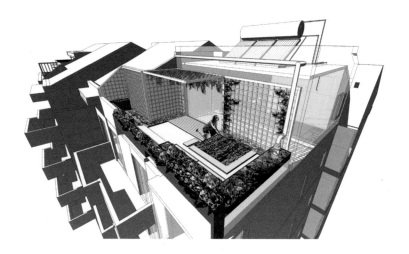

图 10-2　改造项目总面积

图 10-3　效果图

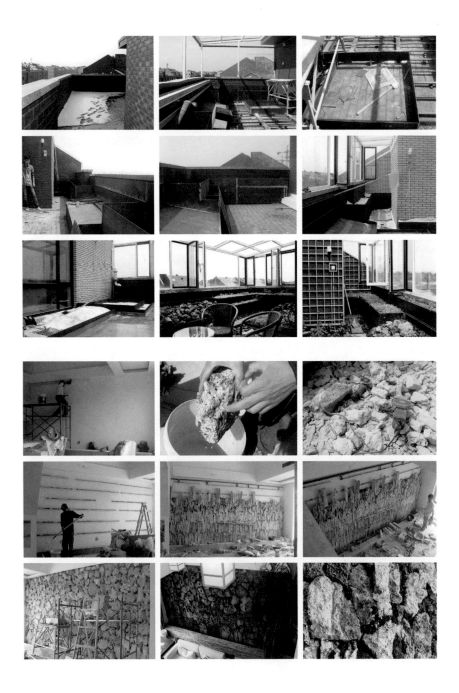

图 10-4　阳台花园建设过程

图 10-5　生态墙建设过程

图 10-6　生态墙建成后的效果：在炎热的夏季，蕴含水分的墙体蒸发带来了阵阵清凉，替代室内空调的使用；在干燥的冬季，带来充沛的湿气

图 10-7　生态墙细部。利用收集的雨水创造景观的生态墙，为家庭雨水利用增添了新的理念

（1）改造阳台结构，收集雨水

由于北京较恶劣的气候时间很长，两个主要卧室外的阳台得不到高效使用。改造前的阳台是一个未封闭的空间，每当下雨时，雨水洒落在阳台上，通过阳台上的落水管排到城市排水管网中。为把每次的降雨留下来，储存在阳台上，再根据需要加以利用，我对阳台进行了改造。

首先是雨水收集，设计选择整个建筑的屋顶作为雨水收集面，根据屋顶原有的排水结构和原有的落水管结构，在落水口设置集水檐，使雨水流入连接雨水储存箱的管道。管道口设置了过滤网，以防止管道的阻塞，管道下方连接雨水过滤装置，可进一步净化雨水。该过滤装置设置在阳台靠近墙壁的一侧，可整体拆卸，方便定期维护。雨水经过处理后，直接进入雨水储存箱进行存放，储存箱设有通风换气的装置，防止水体变质。储存箱围绕阳台四周设置，以尽量减少占用空间，但也力求在有限的空间内尽量多地收集雨水。储存箱与水池连通，水池水面到达一定高度，则通过溢流装置流入建筑落水管，防止雨量过多时，储水箱无法存放。

整个雨水收集设施与建筑排水相结合，将屋顶原本要排走的雨水，收集在阳台上，在无法收集更多时，选择将其排出，在雨洪管理系统中，这就是一个贮留池（retention basin）的概念，在城市暴雨过程中，对减少洪峰具有非常明显的作用，而对于家庭来说，对收集的雨水进行利用，也不失为经济的选择。

（2）雨水的利用方式：阳台菜园和花园

为了使阳台更加美观，改造设计是将它们转化为温室花园，一个是服务于厨房的生产性蔬菜园，另一个是为主卧室准备的可食用芬芳花园。这两个花园的平面布局和空间结构完全相同，由中间的水池和汀步构成的花园，允许人们到达每一个角落。水池采用整体的钢板结构，结合种植槽的形状，完整地嵌入整体的结构中，良好地避免了水池渗水的情况。另外，通过控制雨水储存箱的水阀，可以轻易增添水池的水量，并平衡储水箱和水池的水位。种植槽由钢板制成，放置在雨水储存箱的上方，呈台地式布置四周，这样为种植区节省了空间，也使得植物能够充分接受阳光。种植槽内以适合场地的尺寸灵活划分，槽内放置可拆卸的种植箱，又便于后期的清理维护。种植箱旁堆积轻质多孔的上水石，设计成小型跌水，水的来源即为收集的雨水，通过管道和小型水泵就可以实现良好的景观效果，在调节阳台湿度和温度的同时，还为苔藓类植物提供了生长的空间。跌水、水池和储水箱三者是一个连通的结构，跌水可增加水含氧量，保证了两个花园水中所养游鱼对水质的要求。游鱼和跌水不仅可供娱乐，更重要的是维护水质，避免收集的雨水中蚊蝇滋生。与卧室连接的木质平台漂浮于水面上，可以成为纳凉和晨练的场所，业主甚至可将它作为可以仰观星星的另一卧床。面向花园的卧室外墙面和温室顶部由木格栅构建，木格栅采用 3 厘米 × 3 厘米木条以 20 厘米 × 20 厘米间距排布，以便垂直绿化，使空间的尺度和质感更加宜人，并调节进入温室内的光线。

由于阳台上的设施要求，阳台无法进行防水工程的改造，设计者在水池、储水箱、种植箱等下方均设有 2 ~ 3 厘米高的垫块，其彼此之间又均为相对独立的结构，仅有管道输送雨水，这样的设计完全满足了阳台的防水需求。在种植箱底部有渗水的小孔，其上铺设无纺布后，再放入土壤种植植物，保证了植物根部的呼吸。种植箱底部渗出的水均利用阳台原有的排水装置，通过2~3厘米垫高的空间，进入落水管，而不会对水池、储水箱等结构造成影响。

尽管结构相同，但两个阳台花园选用植物材料完全不同。在蔬菜园中，通过对种植槽中不同蔬菜的色彩、高度、形态、习性的选取，制定了四季可以轮作的种植方案：花园春季可以采收香菜、油菜，夏季可以品尝番茄、黄瓜，秋季可以收获葫芦、葡萄，冬季可以乐享生菜、辣椒。在芳香园中，选用亚热带的芳香植物，例如栀子花、桂花、夜来香、茉莉、白兰、薄荷等。这些植物为卧室创造了一个芳香的休息环境，而且都是可食用的。

阳台花园的设计成为室外环境与室内环境的缓冲区域。炎热的夏天，室外高温的空气经过花园温度降低，使得室内空气更加凉爽；严寒的冬季，室外寒冷干燥的空气经过花园的升温和加湿，使屋内更加保温和舒适。同时，花园成为主人室内空间向室外的延伸，在高密度的城市中，独享属于自己的绿色空间，体会生产性景观的乐趣和艺术。

（3）雨水的利用方式：生态墙

为了改善室内温湿，设计师将分隔这两个公寓单元的隔墙设计成为一个"生态墙"，该项设计获得发明专利，比传统的空调制冷加湿更加低碳环保，且具有装饰室内环境的作用。更重要的是，利用收集的雨水创造景观的生态墙，为家庭雨水利用增添了新的理念。

　　该上水石生态水景墙，由钢板构成主要框架，内侧与墙体通过连接固定，外侧挂接以大理石胶粘合的上水石墙，上水石墙外侧上端布置溢水槽，由循环水泵通过输水管将水送至溢水槽，向上水石喷淋水体，墙下端设置与钢板一体化的水池，水池外侧为木质挡水台，水池底部布置循环水泵、泄水管和进水管。该发明充分发挥了上水石优良的吸水性，幕墙所占空间小，与空气接触面大，能维持墙体潮湿，发挥其散发湿气、自然降温的作用。由于上水石材质较轻，对地面增加的负荷较轻，不需要对地板进行额外的加固处理。而且该生态墙是一个整体结构，不需要额外的防水处理，可利用上水石间空隙，以及在石体上凿孔，种植绿色植物，上水石上也易于形成青苔，很快就能形成生态型绿色水景。

　　整个墙面由块状的多孔上水石镶嵌而成，墙顶留溢水槽。利用上水石多孔渗水的特征，吸收和滞留墙顶流下的水体，同时上水石也能给予苔藓和草本植物以生长的环境，从而使整个墙体成为一个气候的调节器。在炎热的夏季，蕴含水分的墙体的蒸发带来了阵阵清凉，替代室内空调的使用；在干燥的冬季，又会带来充沛的湿气；墙体上的苔藓和绿色，散发出来自大自然芬芳。而且此种上水墙不必保证持续的水流，墙体不需清洁，降低了维护成本。

　　生态墙上循环的雨水，携带着植物的种子，不断循环在箱体和储水池之间，一种植物生长在墙上的一个角落，不久就会遍布满墙。主人可通过调节上水墙上水的频率和水量，控制植物生长的速度和面积，还可根据个人喜好，将合适的种子洒落在水池中，或将植物放置在上水石的缝隙中。客厅作为家庭装修最重要的部分，往往也是家庭装修花费最多的区域，但装修后的空气质量却令人堪忧。而上水石生态水景墙的客厅设计，不仅经济环保，更是自然的空气净化器，是绿色家居生活的绝佳选择。

（4）利用自然通风和阳光，乐享低碳生活

阳台的温室罩面由玻璃和遮阳格栅结合而构成，以便控制光线进入强度，形成室内和室外的温差。同时窗户可以手动开启，便于空气流通，使小气候得以方便地进行人工调控。利用风压和热压相结合的方式，巧妙地利用屋顶，引导自然风进入阳台和室内。设计还特意使用了方钢管，对整体结构进行加固，保证大风天气玻璃罩面的稳固。另外，屋顶安装太阳能光热板，收集的太阳辐射提供家庭厨房及洗浴需要的热水，将屋面的利用最大化。雨水、风和太阳能这些自然的元素，免费构建了这一家庭水生态基础设施，将一个高能耗的住宅建筑，转化为绿色低碳的居家环境，并附赠家庭量身定做的微气候。

节能和改善环境的双收益

改造后的住宅，节能和改善环境的效益十分明显：收集的雨水对一个家庭来说相当可观的，两个阳台收集的雨水每年可达到52吨左右；阳台的生产性景观，创造了良好的经济效益，1年可生产32公斤蔬菜，可以每天享受一盘沙拉以及一些豆类和水果等；雨水进入室内，流经一面生态墙，墙上长出各种植被，既美观又调节了房间温度和湿度，实现了夏天用雨水降温、冬天用雨水加湿的目标，家中不必使用空调和加湿器（图10-8）。

尤其是在节能方面。通常250多平方米的复式洋房采用10匹的空调主机，室内配置10个末端，一个末端按30瓦计算。在一般情况下家里只有4～5个末端同时开启，10匹的全变频中央空调（按8小时计算）大概一天耗电30～40度。按夏季100天计算，每套住宅共节约电能3000～4000度。按此计算，两个公寓的总面

图 10-8 生产的蔬菜数量可观

积为 500 平方米，由于阳台花园对户外环境的缓冲作用和生态墙的降温作用，整个夏季都不需要空调而维持较舒适的室内环境，仅此一项，两套公寓就节省 6000~8000 度电。

本案例通过雨水收集、太阳能和生态墙的设计，用极低的投入，将一个本来耗能的建筑，改造为低碳的绿色建筑，有效地降低了能源的开销，同时提供了兼具生产功能的舒适居住环境。它同时表明，将生态设计作为一种系统策略，整合技术资源，用最少的投入、最简单的方式将一个普通住宅向绿色建筑进行转化的可行性。

目前，它已经变成一个绿色之家的样板，一个进行科普教育的场所，经常有人来参观，成为倡导绿色低碳生活方式的极好案例（图 10-9~图 10-10）。

图 10-9　阳台上的芳香花园

图 10-10　阳台花园已经变成绿色之家的样板和进行科普教育的场所，经常有人来参观

后

记

人是时代的产物。当一个时代到来的时候，一些站在时代前沿的人往往被这个时代"抓住"，顺应时代的需求，成为这个时代的"代言人"，抒写出这个时代的最强音和最具有历史价值的文本。俞孔坚教授无疑就是这样一个被时代"抓住"同时又"抓住"时代的人。

与俞孔坚教授相识十几年了，能与他这样一个站在时代前沿的人合作一本书，无疑是我的荣幸。

今年年初，俞孔坚教授在海口电视台开讲《"海绵"课堂》，系统讲解了如何解决城市"逢雨看海"；如何让我们的田园、江河回归它的健康美丽；如何与洪水为友，让土地回归生产、让自然做功；如何通过设计，让"大脚"变成"美丽的大脚"……这些都是俞孔坚教授多年倡导的"大脚美学"思想的精华，一度引起了大家的强烈关注。

某日，与中国建筑工业出版社副社长欧阳东老师谈起当前海绵城市建设，谈到"大脚美学"。欧阳东老师提议，能不能结合当前海绵城市建设热潮，将俞老师的理论和实践更通俗化一些，让更多的人理解，为当前的海绵城市建设提供一个简洁、易懂、有用的知识读本和操作手册。

于是一拍即合，说做就做。中间与俞老师进一步沟通学习，整理录音，进一步梳理思想，寻找相关案例，探讨写作的角度等等。一切准备差不多了，在暑假期间，摒弃一些俗务，澡雪精神，终于将书稿赶了出来。书中将全部内容分成"海绵哲学和大脚美学"，"与水为友，弹性适应"，"充分利用雨水，让土地回归丰产"，"最少干预，满足最大需求"，

"让自然做功，营造最美景观"，"生态净化，变劣水为清流"，"消纳－减速－适应，系统集成、综合治理"，"建立海绵系统是个'挣钱的买卖'"，"借鉴农民智慧，建设海绵城市"，"海绵细胞，从家做起"等十个方面的内容，每个内容都以思想解说加实践案例的形式，全面展现俞孔坚教授海绵城市的建设思想。

感谢住房和城乡建设部城建司副司长章林伟；中国工程院院士、中国水科院水资源所名誉所长王浩；中国工程院院士、住房和城乡建设部全国海绵城市建设技术指导委员会主任任南琪；中国建设文化艺术协会副主席兼环境艺术专业委员会执行会长贺和平；中国建筑设计研究院副院长李存东等行业权威人士对本书的推荐。他们的肯定之词是我继续努力做得更好的动力。

感谢中国建筑工业出版社欧阳东副社长，感谢杜洁、兰丽婷两位编辑对本书付出的努力和辛苦。

感谢土人设计的马哲、贾会敏、卢玉洁等，他们积极为本书的写作提供了众多的资料和图片。

同时，由于本人水平所限，书中一些有待改正的地方在所难免，敬请广大读者批评指正。

牛建宏

2017 年 11 月 15 日

图书在版编目（CIP）数据

海绵城市十讲／牛建宏编著. —北京：中国建筑工业出版社，2018.1

ISBN 978-7-112-21650-5

Ⅰ．①海…　Ⅱ．①牛…　Ⅲ．①城市建设－研究
Ⅳ．①TU984

中国版本图书馆CIP数据核字（2017）第314310号

责任编辑：欧阳东　朴　洁　兰丽婷
书籍设计：张悟静
责任校对：张　颖

海绵城市十讲

俞孔坚 讲述　牛建宏 编著
★
中国建筑工业出版社出版、发行（北京海淀三里河路9号）
各地新华书店、建筑书店经销
北京锋尚制版有限公司制版
北京富诚彩色印刷有限公司印刷
★
开本：880×1230毫米　1/32　印张：6½　字数：169千字
2018年1月第一版　2018年1月第一次印刷
定价：65.00元
ISBN 978-7-112-21650-5
（31503）